U0919187

做个有出息的男孩

〈 第3版 〉

Third Edition

党博 编著

CFP 中国电影出版社

图书在版编目（CIP）数据

做个有出息的男孩 / 党博编著 . —3 版 . -- 北京：中国电影出版社，2017.5（2017.9 重印）

ISBN 978-7-106-04724-5

Ⅰ . ①做… Ⅱ . ①党… Ⅲ . ①男性—成功心理学—青少年读物 Ⅳ . ① B848.4-49

中国版本图书馆 CIP 数据核字（2017）第 101815 号

责任编辑：纵华跃
封面设计：ABOOK 殷舍
版式设计：范　磊
责任校对：蔡　践
责任印制：庞敬峰

做个有出息的男孩（第3版）
党博　编著

出版发行：中国电影出版社（北京北三环东路 22 号）邮编　100013
电话：64296664（总编室）　64216278（发行部）
E-mail：cfpygb@126.com
经　　销：新华书店
印　　刷：三河市嵩川印刷有限公司
版　　次：2017 年 7 月第 1 版　2017 年 9 月北京第 2 次印刷
规　　格：开本 / 710 × 1000 毫米　1/16
印张 / 15　　字数 / 200 千字

书　　号：ISBN 978-7-106-04724-5 / B · 0117
定　　价：32.80 元

致读者

孩子是一个家庭的未来和希望，望子成龙、望女成凤是很多家长的心愿。八九岁到十四五岁是少年儿童心智成长的重要时期，阅读可以满足他们的求知欲，养成良好习惯，也能从中懂得成长的道理。因此，父母不仅要重视开发孩子的智力，也要重视子女的励志教育。因为一个人的习惯养成、性格特征在小学时期就初见端倪；兴趣爱好、人生理想在初中阶段也有雏形；高中阶段就要开始进行职业规划教育。尤其在当今，科技和网络发展可谓日新月异。有的小孩十几岁就开始尝试创业；有的二十多岁就已成为某一领域的佼佼者；三十多岁的科学家、大学教授或企业家也不鲜见。可见，励志教育宜早不宜迟。

笔者出身关中农家，初中毕业后参军入伍，在甘肃河西走廊和新疆天山脚下服役。四年的部队生活让我的眼界开阔了许多，常年的野战训练和战备值勤使我更能吃苦。正因为这两方面的变化，我在上世纪八十年代退伍后，经过努力考上了大学，人生随之发生了转机。后来，我曾与儿时的伙伴们回忆起青葱岁月，这些学友中许多人天分比我好、理想比我远大，但因那时农家子弟几乎看不到课外书，也没有哪位家长对子女进行励志教育，以至于这些伙伴步入社会后绝大多数人放弃了当初的理想，没有意识也没有胆识抓住此后出现的机遇，始终没有跳出原来的生活轨迹，令人感到遗憾和惋惜。这也让我坚信，对青少年进行励志教育是不可或缺的。

我在参加工作后，曾在大学和行政机关工作多年，后来从事出版行业。近十多年来，我参与过十多种中小学专题教育实验教材的策划和编写工作，开始关注少年儿童的心智成长。几年前应约编写了《做个有出息的女孩》和《做个有出息的男孩》两本青少励志书。这两本书出版后受到许多读者及家长的欢迎，2012 年入选教育部基础教育课程教材发展中心《中小学图书馆（室）推荐书目》，累计销售达 50 多万册，说明青少年和家长对励志教育越来越重视，也让我倍受鼓舞。

自第 1 版面世后，转眼间过去九个年头了，第 3 版除了保留原来的体例，书中重新提炼了各章的内容，取材上更多选取新时代精英的成功故事，兼具优秀青少年的成才事迹。每篇故事都充满了正能量，希望少年儿童能从这些故事中汲取精神营养，激励自己开创美好的人生。

作者谨识于北京

2017 年孟春

目录

第一章
有志者事竟成，有志气才会有出息

第二章
人生因梦想而改变，生命因追求而精彩

第三章

自信是成功的起点，没有自信就没有未来

第四章

有出息不是凭热情和愿望，而是依靠自己付出行动

第五章

有激情更要合理规划，管好自己才能飞得更高

第六章

只有付出辛勤的汗水，将来的你才能遇见美好的自己

第七章

知识是成长的阶梯，才能是改变命运的法宝

第八章

思考会开启智慧之门，创新会找到超越的途径

第九章

有主见是自立的前提，能坚持是成长的标志

第十章

无限风光在险峰，敢攀登才能领略美好景色

第十一章
不犹豫是成长的第一步，敢担当才能扛起未来的人生

第十二章
不经风雨怎能见彩虹，风雨会让你的翅膀更坚强

第一章

有志者事竟成，有志气才会有出息

每个人的成长道路是各不相同的，成才和成功也没有固定的路径。人生的道路在每个人的脚下，也在每个人的心中，就看每个人怎么走。凡是有志向的人，心中有努力的方向，行动有具体的目标，始终朝着既定的方向前行，迟早会到达人生的高峰；没有志向的人，行动是盲目的，遇到人生的岔路口就会彷徨，势必会动摇前行的信心，即使走到头也未必能实现个人的人生目标。

童年的誓愿

☆★☆★☆

在互联网成就的名人中，京东商城的创始人刘强东是最具有家乡情结的成功人士之一。他把京东商城的客服中心设在家乡，又在家乡投资了云计算中心，聘用了许多当地员工，他在演讲中曾回忆了童年的日子以及对家乡的情怀。2014 年 5 月 22 日，京东商城在美国纳斯达克挂牌上市，他站在纽约时代广场的中央，不禁想起了多年前在乡村的情景，以及儿时的梦想。当年，他立志走出贫穷的乡村，如今梦想成真，从一个乡村少年变为电商巨人，他的成长故事和创业经历成为一部生动的励志传奇。

1974 年，刘强东出生在江苏宿迁骆马湖边来龙镇光明村，当时的宿迁还没有摆脱贫穷。在刘强东小时候的记忆中，一日三餐主食多是红薯和玉米，偶尔才能吃得上的荤油拌白米饭，在当时的他看来就是世界上最好吃的食物。每次吃完饭的碗，家里人都用开水烫一下当汤喝。喝一碗之后再倒一碗白开水，发现还有油花然后再喝一碗，一直喝到开水倒进碗里看不到油花了，才舍得去洗碗。

童年的贫穷给刘强东打上了烙印，也让他变得十分要强，学习上从来不用父母督促。那时候，乡村的教育资源十分有限，全镇十几个村庄，镇上却只有一所初中。小学升初中的时候，镇上只给刘强东所在的光明村五个名额，这就意味着除这五人之外，其他孩子就不能去镇上读初中了。全镇19个小学一起排名，按照分数从高到低录取，刘强东的成绩排名第一。

如果说小学阶段，刘强东对自己的未来还有些懵懵懂懂，上初中发生的一件事使他立志走出贫困的乡村。上初三的时候，家里的经济条件慢慢好起来了，过年父母会给孩子一些压岁钱。这年暑假，刘强东揣着平时积攒的50块钱，上面穿着两根筋的汗衫，下面穿着大裤衩，脚上穿着一双拖鞋，坐上火车去南京要见识外面的世界。在从连云港开往南京的一列火车上，一个年龄与他相当的女孩，穿着好看的衣服，吃着蛋糕，与家人谈笑风生。看着悬殊的穿着和迥异的气质，刘强东一下子感受到乡村孩子与城里孩子的差距，从那一刻起，他从内心感受到一种自卑，在火车上一直低着头。

火车到了南京，大约凌晨1点多，刘强东从火车站出来，都市里灯火阑珊，让他感觉眼花缭乱，他走近三十多层高的金陵饭店大楼，围着大楼绕了好几圈，伸手摸了摸大楼的外墙。深夜里，大楼里面依旧灯火辉煌，这让刘强东想到乡村，他记得小时候家里没有用过电，一直到上了初中之后才用上电，而且几乎每天晚上都要停电。这巨大的反差让他羡慕城市里优越的物质条件。

看完了大楼之后，刘强东又走到码头，上了一艘开往九江的江轮。他站在最顶层的甲板上，看着气势磅礴的一大片浪花迅速地往后翻腾，联想到人生就像江水一样，不进则退，只有向前才能驶向理想的彼岸。在没有离开农村之前，他觉得自己是世界上最幸福的

人。看到了外面的世界，这才发现差距太大了！从那时候，他就发誓一定要去北京、上海这样的大城市上学。

刘强东心里发了誓，也就有了实际行动，一切都体现在他的学业上。1992 年，刘强东以全县高考第一名的成绩考上中国人民大学，实现了当初的梦想。

还在上初中的时候，刘强东就发誓："上大学我只会带一笔学费，一定要自己养活自己，绝对不再跟父母要钱！"他的事业起点应该是从他刚上大学的时候就开始了，那时他背着蚊帐、被子和脸盆，一个人坐火车把所有的生活用品背到了学校，当时身上还有家里所有的亲戚朋友凑出来的 500 元钱。为了实现不再向父母要钱的誓言，他从大学一年级开始做家教、抄信封，依靠勤工俭学在经济上开始自立，为他后来创业迈出了第一步。

男孩该懂得的道理

一个人在人生的道路上能走多远，能不能达到心中的目标，往往不是靠体力而是靠毅力决定的。刘强东当初是一名家境贫寒的农村少年，因为外出见识了世面，他发誓通过学习来到繁华的都市，通过考学改变人生命运，通过勤工俭学减轻父母的经济负担，后来通过创业成为电商巨人。这一切成功的关键在于他胸怀大志，而且把自己的誓愿落实到行动上。

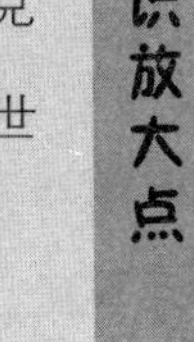

知识放大点

纳斯达克，英文缩写为NASDAQ，是全美证券商协会自动报价系统的缩写。它是美国一家电子证券交易机构，是由纳斯达克股票市场公司所拥有与操作的。创立于1971年，迄今已成为世界最大的股票市场之一。

成长金点子

有志者事竟成

一个人所处的环境并不能够决定他的未来，一个人学习和生活的过程也不能决定他的未来，一个人心里的愿景和志向决定了他的未来。

据刘强东后来回忆说，为了兑现当初他上大学一定要自己养活自己的诺言，在大学入学不久，他就开始勤工俭学，替人抄信封，一个只有几分钱，晚上10点宿舍熄灯，有时候他就坐在走廊的边上或者厕所门口抄信封，同时骑着单车去推销图书勉强维持日常开销。听人说，他所学的社会学专业毕业后不好找工作，就下决心学一门技术，当时，电脑编程算得上是高深的技术，他在课余时间学习编程，学会后靠写代码赚了一些钱，再

后来给别人做了一套系统赚了几万块钱，基本上不再为学杂费和生活费发愁。

刘强东的成长经历说明，一个人只要有志气，并把志愿转化为行动，就能改变自己的境遇，实现自己的目标。所以，做有出息的男孩，从小就要做有志气的人，树立远大志向，做好每一件小事，实现自己制定的一个个成长目标。积沙成滩，集腋成裘，只要养成把志愿转化为具体行动的习惯，将来就会在成才的道路上越走越远。

落榜后的选择

☆★☆★☆

只要了解互联网的人，就一定知道“阿里巴巴”的创建历程；但凡会网上购物的人，几乎都知道淘宝网和支付宝，其创始人马云在互联网和商界的影响力如日中天。

也许有的读者猜测，商界追捧的马云在小学是不是就比其他同学聪明，在中学是不是许多同学羡慕的“学霸”。其实，在中学时，马云就是一名普通的学生，而且学习成绩算不上优秀，数学成绩老是上不去，成了马云学业上的一道坎。

1982 年，18 岁的马云高中毕业了，他踌躇满志地第一次参加全国高考，填报的志愿是全国著名的北京大学。然而，高考成绩公布后，他的数学只得了 1 分，结果可想而知。

高考落榜后，马云一度感到灰心，以为考大学是他难以实现的梦，于是外出打零工谋生，每天骑着一辆三轮车给人运送货物。他吃力地行驶在高低不平的道路上，望着来来往往的人群，不知道自己的前途在哪里，对未来的人生感到茫然，心里想着难道自己要一辈子骑三轮车，成为老舍笔下的“骆驼祥子”？当然，他不甘心这样的生活！

有一次，马云骑着三轮车去给一家文化单位运书，在金华火车站的候车室里，他捡到了一本书，书名是《人生》，这是著名作家路遥写的一部中篇小说。书中描写了一位农村青年通过自己的努力改变了人生命运的故事。马云从中明白了一个道理：人生的道路是漫长的，而且充满坎坷，若想改变现状，就要有志气，而且要跨越人生中的一道道坎！

此时，马云心里充满了战胜困难的豪情，问题是作为一名出身于普通家庭的孩子，当时能自己改变现状的机会并不多，想来想去，他觉得考大学仍然是务实的选择。于是，经过一番考虑后，他决定再次参加高考，通过上大学为自己赢得相对较高的人生起点。为迎战高考，他又找出课本复习，并在偏弱的数学上下了一番气力。

1983 年，马云满怀信心，第二次参加了高考。成绩公布后，他的数学一科只得了 19 分。他想上大学，命运似乎不给他这个机会。父母对他考大学也不抱希望了，认为自己的儿子注定不是考大学的那块料，劝他安心地学一门手艺，将来在社会有一技之长，如果不愿意学手艺，找一份临时工作将来也可能有机会转正，起码能混口饭吃。

但是，马云仍不甘心，还要继续考大学，他明白只有考大学才能改变自己的命运。由于父母不再支持他的想法，马云只好白天打工晚上念夜校。每到周日，他还早起一小时赶到浙江大学图书馆看书复习。在这里，他认识了几名和他一样的落榜生，他们聚在一起畅谈各自的抱负，相互激励一定会考上大学，实现自己的人生梦想!

1984 年，20 岁的马云第三次参加高考。高考前，马云虽然在数学上耗费了相当多的精力，死记硬背了数学公式，并学会了如何套用这些公式答题，但仍然达不到老师期望的目标，一位姓余的数学老师对马云说："你的数学真是一塌糊涂，如果你能考及格，我的'余'字倒着写!"

然而，马云的表现让余老师大跌眼镜。在考数学的时候，马云套公式解答了一道道试题，当年高考数学科目的满分是 120 分，他居然套出了 79 分。因此，马云幸运地考上了杭州师范学院，成为外语系的一名本科生。这样，马云成为了当时人们心目中的天之骄子，在校园里，他的外语水平、社会视野和交往能力得到了质的飞跃，正是因为有了这个起点，为他后来的创业奠定了坚实的基础。

男孩该懂得的道理

马云在阿里巴巴上市时赠给在场嘉宾每人一件特别的T恤，上面印着他亲自选择的一句话："梦想还是要有的，万一实现了呢?"马云没有高大帅气的形象，没有显赫的家庭背景，学习成绩也不出众，但他立志改变自己的命运，在高考中屡败屡战，直至跨进大学校门，为自己打开了一扇通往智慧和成功的大门。做有出息的男孩就要坚定成才的信念，即使哪一门功课没有学好，只要不放弃，通过刻苦学习就一定能赶上去！

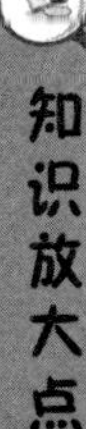

《人生》，是作家路遥创作的小说，也是他的成名作，曾获得全国优秀中篇小说奖。小说以改革时期陕北高原的城乡生活为背景，描写了高中毕业生高加林的人生变化过程。高加林既有向命运挑战、自信坚毅的品质，又具有辛勤、朴实的传统美德。他有理想、有志气、有抱负，勇于追求想要的生活，这是值得我们学习的。

成长金点子

马云的创业智慧

二十多年前，互联网的浪潮从大洋彼岸波及到中国，当时触摸到互联网的人大多是知识和技术界的精英，早先门户网站的创始人要么是具有留学背景的“海龟”，要么是国内编程技术上的佼佼者，这些网站靠吸引眼球做得风生水起。随着互联网走进千家万户，电子商务网站层出不穷，马云从中

有了自己的主意，他决定做一个和世界上所有商务网站不同的网站。1999 年初，他为网站起了一个代表财富的域名“阿里巴巴”，开创了全新的商业模式。

可以看出，首先，马云具有睿智的头脑和开阔的视野，他说：“如果把企业也分成富人穷人，那么互联网就是穷人的世界。”他不做那 15% 大企业的生意，只做 85% 中小企业的生意。这种智慧不仅是他在大学积累而来的，而且也是他经过多次创业历练出来的，更是互联网大潮激励他乘风破浪的结果。其次，马云具有坚定执著的信念。他曾办过外语培训班、翻译社，做过互联网黄页，失败多次却从不气馁。正如 2000 年世界著名杂志《福布斯》评价马云所言：“有着拿破仑同等的身段，更有拿破仑同等的伟大志向！”再次，马云富有激情。这不仅使他敢于创新，能够抓住机会，而且能够使这种激情转化成人格魅力，带领出具有凝聚力的团队。阅读马云的成长故事，要善于发现他与众不同的地方，学习和借鉴他的聪明才智，激励自己成长进步。

祖国蓝天的守护神

☆★☆★☆

大漠戈壁，入夜时分，警报骤响。一枚“敌方”导弹触发雷达预警，向我国上空飞来。

“跟踪目标！”西北某基地反导试验指挥大厅响起急促的调度口令。指挥显示平台上，几十组数据、曲线频频闪烁，该部配置在大漠中的光测、雷达、遥测设备，密切追踪“敌弹”。

“5、4、3、2、1，发射！”一枚反导拦截导弹犹如神剑出鞘，直刺苍穹。数分钟后，显示屏传来大气层外“敌弹”被摧毁的清晰画面，两弹碰撞发出的灿烂光芒照亮茫茫夜空，我国又一次反导试验取得圆满成功。

欢呼，握手，拥抱……指挥大厅内，大家不约而同地将赞许目光投向指挥席上的一个身影——他就是破解这一重大难题的反导试验靶场副总设计师、西北某基地研究员陈德明。这一刻，陈德明悄悄拭去激动的泪水，内心久久不能平静……

上世纪 80 年代，还在湖南老家读高中的陈德明，偶然观看了一部名为《飞向太平洋》的电影。该片以 1980 年我国向太平洋成功发

射第一枚远程运载火箭为背景，热情讴歌了科技工作者打造大国重器的动人风采。凝望着运载火箭刺破苍穹、腾啸升空的壮美画面，他在心中默默许下了一个“为国征战”的梦想。

为了这个梦想，他报考了当年唯一开设航天动力学与飞行试验专业的国防科技大学。1990 年大学毕业后，陈德明放弃了北京、上海等大城市优厚的待遇条件，怀着“矢志强军、逐梦靶场”的决心，坚定地踏上了驶往西北大漠的列车。

然而，当他初来基地报到时，面对大漠艰苦闭塞的工作环境，一时竟无所适从。基地的科研条件较差，一个技术室几十个人，正儿八经能用的电脑就那么一台，看着这台电脑，他心里凉了半截。由于环境艰苦，基地当时有一项规定，入伍大学生干部工作 8 年以上，就可以选择是否离开部队，是走还是留，陈德明给出了自己的选择：“我的价值在大漠、在靶场，这里有我施展的舞台，这里有我一生最大的梦想和追求。”

心若不荒凉，处处皆风景。上个世纪 90 年代初期，靶场担负的任务相对较少，大漠的偏僻荒凉，生活的单调乏味，成为他潜心钻研的天赐良机。于是，他给自己定下的第一个目标，从“两弹一星”专家笔记到计算机课程、统计学原著，从各种试验图纸、数据分析到古今哲学军史，凡是能找来的资料书籍，他都如饥似渴地汲取营养。很快，他从一名红牌学员成长为专业骨干。

当时某型号导弹武器定型试验的课题摆在了基地科研人员面前。陈德明作为攻关团队中其中一员参加课题攻关。他在一片空白、毫无借鉴的情况下艰难起步。连续苦战 3 年，当陈德明拿着厚厚的设计方案来到课题组时，老专家们震惊之余，纷纷投来肯定的目光。而他也逐渐成为科研小组的骨干。

2007年，我国正式启动反导技术验证试验项目，陈德明受聘为专家组专家，带头攻关反导靶场试验技术。那段日子，陈德明完全进入了一种忘我境界，吃饭时想到关键技术，他就扔下碗筷冲进书房；睡觉时有了新思路，他立刻翻身起床记在纸上。近千个日日夜夜，连续多个波次不知疲倦地攻关，陈德明和他的团队拟制了上百份试验文书，一举突破3项核心关键技术，硬是闯出了一条中国反导靶场建设之路。

几年沉寂，一默如雷。2010年新年伊始，大漠深处一声巨响，一枚拦截弹犹如神剑出鞘，一击命中高速飞行的靶弹。试验成功的喜讯从西北大漠飞到了北京。初战告捷，反导试验打出了国威、军威，标志着我国在反导技术领域实现重大突破！

陈德明是专家，但是他不清高，没有一点架子。他的脸上始终挂满了微笑，凡是和他一起工作过的同志都说："跟陈研究员打交道很简单，干工作虽然苦，但心里很快乐，生活很充实。"

入伍27年来，陈德明执行过数百次导弹武器飞行试验任务，牵头攻克10余项核心技术难题，获得10余次国家和军队奖励……他在导弹武器研究领域的每一次突破，都是勇攀科技高峰的生动实践；每一项成果，都为了铸就大国空防利器；每一次攻坚克难，都为了提升我军新质作战能力。2010年中央军委给陈德明记了一等功。

男孩该懂得的道理

做好一件事情要有信心，成就一项事业要有信念。陈德明从事的反导技术试验必将与共和国使命相系，与振兴中华伟业相连。誓言无声，二十多年不忘初心，因为他在少年时期就在心中埋下了梦想的种子，立志成为有担当、乐于奉献的当代军人，面对艰苦的条件和艰巨的科研任务，攻坚克难，在事业上取得突出成就，并为此感到无比振奋与自豪。许多男孩想长大后做一名军人，成为有出息的人，从小就要树立远大的志向。

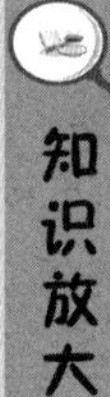

知识放大点

“两弹一星”，是指原子弹、导弹和人造卫星。“两弹一星”研制成功是新中国伟大成就的象征，是中华民族的骄傲。它是社会主义制度能够“集中力量办大事”的生动体现。“两弹一星”功臣们勇于探索、勇于创新的精神，值得我们学习。

成长金点子

找到人生的坐标

我们童年的梦想虽然不一样，但都是在不受外界干扰的情况下发自内心的愿景。随着年龄和阅历的增长，以及所受教育的差异，尤其步入社会后受到其他因素的影响，大多数人的梦想就会发生变化，以至于很多人感觉生活中没有梦想，找不到人生的目标，在平淡的生活中逐渐埋没了自己的特长，荒废了自己的才能。

一个人能够在纷繁复杂的社会环境中不忘初心、坚守梦想，按照自己的愿望学习一门学科，或者从事一项工作，并在学习和工作中不断完善自己，这是值得庆幸的，需要倍加珍惜，为梦想加油鼓劲！

不怕路远，就怕志短。只要让梦想和目标融为一体，进而把梦想转化成某一阶段的目标，胸怀远大的志向，坚定自己的信念，朝着既定的目标努力，永不放弃，幸运的女神就会向你招手！

从捡砖头说起

☆★☆★☆

现在，新东方在培训教育界已经成为响当当的品牌，2006 年新东方作为中国首家教育概念股在纽约证交所上市，它的创始人俞敏洪成为中国最富有的老师，被誉为创业领袖。他的成功秘诀要从捡砖头说起。

俞敏洪出生在江苏省江阴市的一个小村庄，父亲是一个木匠，乡亲们经常找他帮忙盖房子，每次都会把别人废弃不要的碎砖带回家，看到路边有砖头他也捡起来放在篮子里带回家。看着父亲每天不辞辛劳地重复着这种劳作，童年的俞敏洪感到不解。渐渐地，院子里的砖头堆得像小山。直到有一天，一间小房子在院子里拔地而起，父亲把本来在院子里乱跑的猪和羊赶进小房子后，俞敏洪才看清了父亲的良苦用心，同时也看清了做成一件事情的全部奥秘：一块砖头没有什么用处，一堆砖头也没有什么用处，如果心中没有一个造房子的梦想，就是拥有天下所有的砖头也是一堆废物；但是如果你只有造房子的梦想，而没有造房子的砖头，那梦想永远无法实现。

从那以后，父亲捡砖头的形象就定格在了俞敏洪的脑海里，成了他人生成长途中的路标。不论做什么事情，他都问自己两个问题：一个是做这件事情的目标是什么？就像父亲捡砖头一样，知道砖头将来可以盖房子；另一个是需要多少努力才能把这件事情做成，也像父亲捡砖头一样，知道捡多少砖头才能盖起房子。正是凭着父亲教给他的捡砖头的人生信念，俞敏洪为自己建造了一座人生的大厦。

俞敏洪上高中的时候，全班学生都是农村孩子，几乎没有一个人有信心说能考上大学。他记得上高二的时候，有一位老师曾对他们说："我知道，你们在座的没有一个能考上大学的，你们以后一定都是农民，但是我依然要求你们每一个人都去考大学，因为当你们以后回到农村，在田头劳动的时候，当你拄着锄头仰望蓝天、叹息自己命运悲哀的时候，你会想起来，你曾经为了改变自己的命运而奋斗过一次。"正是因为这位老师的鼓励，俞敏洪就认定了自己高中毕业后一定要考大学，决不能让这位老师失望。

但是，这只是一次美好的愿望，高中时候的俞敏洪学习成绩并不好。1978 年，他第一次参加高考，英语只得了 33 分。当年英语录取的分数线也不高，本地一所师范学校最低录取分数线只有 40 分，相差 7 分，于是他就想，如果再努力一年也许就超过 40 分了，也许就能考进这所大专了。因为家里贫穷，他一边干农活一边复习。当时农村连电灯都没有，到了夜晚，他就在煤油灯底下复习，以至于眼睛近视了。

第二次参加高考成绩公布后，俞敏洪的英语得了 55 分，他拿到这个分数后特别高兴，心想无论如何能够考上本省那所师范学院了。结果录取分数线下来以后，这所师范学院的录取分数线提到了 60

分，他又因为差了 5 分而名落孙山。

高考两次失败后，反而让俞敏洪铁了心，他就觉得非要考第三次不可，回家对母亲说：“第三次参加高考，我无论如何也不干农活了，每天所有的时间我都要复习。”母亲答应再给他一年时间，如果第三次再考不上的话，他就只能老老实实回来当农民。父亲不仅支持儿子继续考下去，还想方设法为他联系了城里的复习班，望着父亲期待的目光，俞敏洪心中的目标更加清晰了：“我一定要考上大学！第一年第二年我没考上，是因为我捡的砖头不够，第三年我一定要拼命地捡砖头。”

为准备第三次高考，俞敏洪开始拼命了，他每天早上六点起来读书，晚上十二点睡觉，前三年的英语高考试题被他归纳成 300 多道练习题，并花时间把 800 个句子背了个滚瓜烂熟，他的英语成绩从班里的末尾上升到了第一，他的目标也从师专变成了北京大学。第三次参加高考的时候，成绩一出来，俞敏洪发现他的成绩超过了北京大学的录取分数线，他终于走进了这所名校，这为他后来创建教育事业大厦铺就了道路。

男孩该懂得的道理

如果心中没有建造房子的梦想，就是拥有再多的砖头也是一堆废物。如果立志实现自己的人生梦想，即使遭遇失败和挫折，只要不气馁，付出更多的努力，成功的几率就会更大。

俞敏洪，1962 年出生，1980 年考入北京大学西语系本科，毕业后留校任教；1991 年辞职进入民办教育领域，1993 年创办北京新东方学校，现任新东方教育集团董事长、中国青年企业家协会副会长、中华全国青年联合会委员等职。

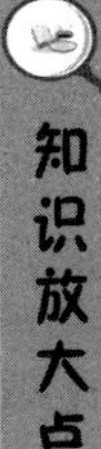

知识放大点

成长金点子

“立长志”别“常立志”

古人说，无志者常立志，有志者立长志。“立长志”的意思是说，一个人要树立远大志向，理想一旦确立就不要轻易动摇，不要忘了自己的初衷。在人生道路中，因为经历多种变故，难免会改变当初的理想，但是，不管时代如何发展、所处的环境如何变化，积极进取，不甘平庸，一心想成为有出息的人，这种志向是不能改变的。只要心中有这样的志向，并为之付出自己的努力，这样距离自己的人生目标就会越来越近。

“常立志”的意思说，天天改变自己的理想，和没有理想是一样的。如果一个人好高骛远，给自己制订了一些不切实际的规划。今天立志做一名科学家，学习上遇到一点困难，就打起了“退堂鼓”；明天立志当歌星影星，才艺方面没有受到老师表扬，就变得没

有信心；后天立志成为世界富豪，看到父母下岗待业，又开始泄气了……个人的梦想不断变化，人生目标不停地转移，一旦在某一方面不顺利，就推翻原来的志向而重新立志，这样注定与成才和成功的目标渐行渐远。

要想成为有出息的人，就必须“立长志”而不能“常立志”。抱着最初的志向和梦想，不忘初心，坚定、勇敢、努力地走下去，就终有成功的那一天。

第二章

人生因梦想而改变，生命因追求而精彩

梦想犹如矗立在海岸上的灯塔，指引来往的船只平安远航；梦想好像悬在星空的北斗，让夜行人知道自己的方位；梦想仿佛冬日里的炉火，让人的心里感到温暖；梦想又好似久旱逢甘霖，让人感到渴望与酣畅。生命因为梦想而伟大，人生因为梦想而精彩。一个人有梦想就会憧憬未来，从内心激发出对生活的热忱和希望。古往今来，许多人凭着童年时期的梦想，锲而不舍，让人生的航船驶向了成功的彼岸。

遨游太空不是梦

☆★☆★☆

杨利伟是我国进入太空的第一位航天员，他是中华民族的骄傲，被誉为航天英雄。在荣誉背后，他用勇敢的精神和坚韧的毅力书写了追梦的艰难历程。

我们在电视画面上看到，杨利伟穿着宇航服乘神舟五号飞船进入太空的时候，镇定自若，飞船在环绕地球的时候，他微笑着向全国人民问好。你可能想不到，这个遨游太空的英雄，幼时是一个恐高娃儿。有一天，妈妈让小利伟爬梯子拿木棚上的地瓜。他登上去，又下来，反复试了好几次，额头和小鼻尖上浸出了汗，还是不敢登上小小的梯子。为了锻炼他的胆量，一有假期，爸爸就带他爬山，到河里游泳，去山里爬树摘野果子。后来，小利伟克服了恐高症，并对探险有了兴趣，经常约伙伴们一起在野外游玩。

到了中学，杨利伟梦想飞上蓝天，成为一名飞行员。因为他家附近有一个军用机场。他每天都会看到战鹰在蓝天上翱翔，飞行员手提着飞行帽，腰间别着手枪，英姿勃发。那时候，杨利伟经常到机场游玩，那里有飞行员训练的悬梯、滚轮等器材，他在初中毕业的时候，已经能够在悬梯、滚轮上玩得轻松自如了。

高中毕业的时候，刚好赶上部队招收飞行员，杨利伟没有考虑就报名了，他内心充满了坚定的信念。经过体检等程序，他顺利走入飞行员的队伍。当他穿上崭新的军装，内心的那份自豪、那份骄傲是难以言表的！

经过一段时间的训练之后，杨利伟和战友们领到领章和帽徽，从那一刻起，他感受到了作为一名飞行员的责任。1992年，在一次飞行中，他驾驶飞机在超低空飞行的时候，遇到了“空中停车”的故障。在万分危急的关头，他没有想到自己的安危，而是想到自己的任务和保护飞机，凭着过硬的本领，经过一番应急处理，他把飞机安稳地降落到跑道上，成功化解了险情。

后来，杨利伟从一名优秀的飞行员被选拔为航天员，荣耀的背后是要接受近乎残酷的训练。航天员需要掌握载人航天工程的大量知识，这是杨利伟要闯过的第一关。航天员要学习52门课、13个门类。当时，32岁的杨利伟在部队已经是一名教员，重新当学员遇到角色的转换，开始他在教室的时候坐不住，经过心理调整，他安下心来投入学习。

进入课堂学习的时候，杨利伟总是犯困，他就沏一大杯浓茶不停地喝，实在困得受不了了，就在教室最后一排站着听课，一直站到下课。给航天员讲课的都是在一线工作的科研人员，讲完课就离开了，落下进度就没人补课。为了啃下基础理论这块硬骨头，杨利伟每天熬到十二点以后才睡觉。最后考试中，他是以100分的满分通过的。

闯过基础理论这一关，就开始进行模拟器的训练，当时航天员

多，每个人进舱的机会特别少，杨利伟买来摄像机把飞船内的所有场景拍摄下来，在电脑里面制作了一个小片，每天对着它训练。后来，只要他一闭上眼睛，飞船里的所有设备的位置、功能，甚至于一些频繁使用的开关按钮，都会在他的脑海里清晰地浮现出来。

在模拟器训练的同时，航天员还要进行挑战生理极限的体能训练。在模拟器里训练，即使是炎热的夏天，航天员都要穿上保暖内衣和厚重的航天服，一练就是好几个小时，每次训练结束，体重都要下降一大截。每一次实验时，航天员的左手拿着一个报警器，当自己承受不了的时候，可以随时按响报警器，工作人员就会让实验停下来，但是没有一个航天员按响过。

为了适应太空飞行失重给身体带来的影响，在训练时，杨利伟和战友们躺在床上，头部必须呈负 6 度，坚持 20 天不动，吃饭、上厕所都在这种状态下进行。这样躺几个小时后，整个人几乎都僵住了，四肢和脖子酸疼却动弹不了。

此外，杨利伟和其他航天员还被拉到野外进行沙漠生存、水上救生、高空飞行、空中跳伞等极限训练。

“神州”五号刚刚发射时，航天员处于超重状态，血液压向四肢，头部缺血眩晕，心跳加速，呼吸异常困难，甚至会出现晕厥的情况。这不是常人能够忍受的，正是杨利伟具有钢铁般的意志和顽强的毅力，才得以承受住了生命的极限考验。

2003 年 10 月 15 日 9 时，杨利伟肩负亿万中华儿女的重托，稳健地登上“神舟”五号飞船，出色地完成了我国首次载人航天飞行的历史使命。

男孩该懂得的道理

每一个男孩都有自己的梦想，小学阶段的梦想往往建立在幻想的基础上，或者是出于自己的兴趣爱好，很少考虑到自身条件和外部环境。即便如此，有梦想就要积极尝试，这样可以增加了解社会的机会，对自身有更加清晰的认识，以利于进行人生规划。在成就梦想的道路上，总是充满多种障碍，只有努力和坚持，才会使梦想成真。

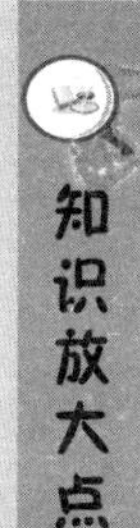

模拟器，是用于航天员在地面上训练的飞船实验舱，它的形状、大小、尺寸、内部结构是与飞船基本相同的。起重，当物体做向上加速运动或向下减速运动时，物体均处于超重状态。也就是说，只要具有向上的加速度，不管物体如何运动，都处于超重状态。这种现象在发射航天器时尤其常见，航天器及其中的航天员在刚开始加速上升时都处于超重状态。

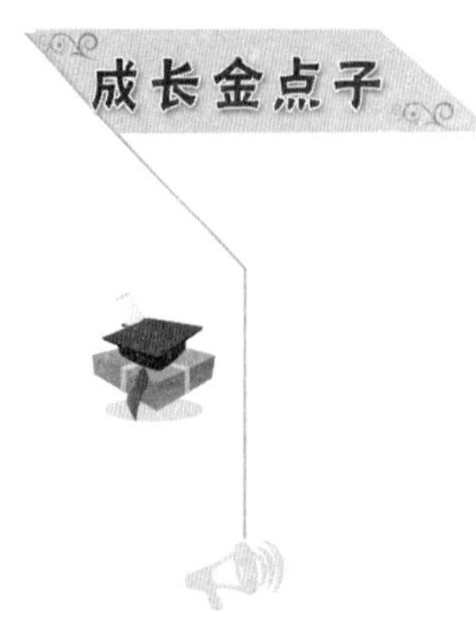

呵护童年的梦想

童年时期的梦想最发自人心。也许因为想破解自然的奥秘，因而梦想成为一名科学家；也许因为崇尚英雄人物，因而梦想成为一名军人；也许看到同龄人对知识的渴望，因而梦想成为一名老师……你无论有什么梦想，只要对这一方面保持兴趣，并做出一些尝试和努力，无形中就会增加见识，加深对现实的认知。

所以，如果我们心中有梦想，就不要轻易否定它，相信梦想总有成真的那一天，以便激发自己实现梦想的热情。即使梦想最终没有实现，但是，我们尝试过、努力过，以后也不会有遗憾，而且在这个过程中，我们为梦里投入了热情，会给自己留下美好的记忆。

梦想从作文开始

☆★☆★☆

美国前总统威尔逊曾经说过，所有的伟人都是梦想家。他们在春天的和风里，或是冬夜的炉火边做梦。有些人让自己的梦想枯萎而凋谢，也有人呵护自己的梦想，在颠沛困顿的日子里灌溉它、细心培育它，直到有一天梦想的种子萌芽、开花、结果。在现实中，就有这样活生生的例子。

40 年前，在印度尼西亚首都雅加达的一所小学里，三年级女教师费尔米纳·西纳加在宣布下课前，给学生布置了一篇题为《我的梦想：我长大后想做什么》的作文。

第二天，学生一个接一个地朗读了他们的作文：有人长大了想当医生，有人想当机械师，还有人想当消防员。轮到一个胖乎乎、卷发的小男孩，他的梦想是“长大后想当总统”。刚一说完，全班同学立刻大笑起来。

原来，这个男孩来自美国，是全班唯一的黑人学生。他两岁时，父亲离开了，母亲改嫁给一名印尼石油公司的经理。6 岁的他跟着母亲移居雅加达。在那里，他的名字变成巴里·索托罗。一家人住在租赁的小矮屋里，这个男孩平时在一个旧沙发上玩耍。在房东和

老邻居眼里，这个黑人孩子少言寡语，十分胆小，一刻也不愿离开自己的母亲。由于受经济条件所限，父母只能将他就近送入一所简陋的普通学校就读。同学给男孩起了个外号，叫“胖子巴里”。

这个男孩生长在贫困的家庭，面对的是复杂的家庭背景，在简陋的学校念书，又身为有色人种……在这种前提下成长起来的孩子将来能当总统，这不是痴人说梦吗？班上的同学对这个男孩将来当总统的想法感到滑稽可笑，也就不足为奇了。

这个黑人男孩10岁时，母亲与继父离婚，他回到了夏威夷，大部分的时间和外祖父母生活在一起。当时，家里生活十分困难，一家老少挤在一个很小的公寓里面。母亲省吃俭用供儿子读书；男孩的外祖父换过多份工作，做过家具推销员，还当过一名很失败的保险经纪人；外祖母在一家银行工作。这个男孩竟然考进了夏威夷普纳荷私立学校，这说明小家伙既聪明又勤奋。

在此后的将近四十年里，这个胸怀大志的男孩没有放弃儿时的梦想，1983年获哥伦比亚大学文学学士学位，1991年获哈佛大学法学院法学博士学位，并成为一名律师，1996年当选伊利诺伊州参议员，2004年在伊利诺伊州首次当选为国会参议员。他就是贝拉克·奥巴马。

奥巴马童年跟着母亲和姥姥姥爷长大，漂泊四海的经历，充满坎坷的人生，造就了具有独特魅力的性格，正是这样的经历使他不同于美国历史上历届总统候选人。2008年8月，在民主党召开的全国代表大会上，奥巴马成为民主党总统竞选人，他亲自撰写并发表了慷慨激昂的演说。他提出消除党派分歧和种族歧视、实现“一个美国”的梦想，在政坛刮起了一股奥巴马旋风，终于在2008年11月成功当选美国第四十四任总统，成为美国历史上第一位黑人总统，2012年在总统大选中又赢得了连任。

男孩该懂得的道理

一个人童年有梦想，在成长的过程需要把梦想转化为理想，据此确定人生目标，并朝着这一目标锲而不舍。奥巴马童年梦想当总统，他在获得文学学士学位后，决定进入美国著名的哈佛大学读法学，随后成为一名律师，这是一个极为正确的抉择。因为律师是跨入政界的绝佳跳板，美国许多政治人物都当过律师。

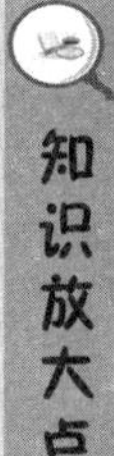

知识放大点

美国民主党，是美国当代的两大主要政党之一，另一个政党是共和党。“民主党”这个名称是在安德鲁·杰克逊总统任期间所采用的。

成长金点子

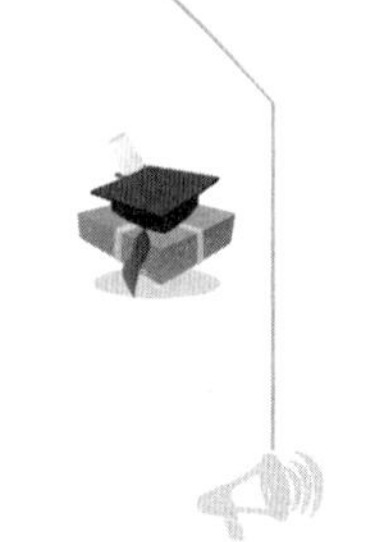

尽早确定自己未来发展的大方向

什么是理想？只有经过认真的考虑，并结合现实环境和自身条件所形成的人生目标，才能称之为理想。

理想催促人们向着自己期望的目标前进。一个人要想成才和成功，就要有明确的目标，有了努力的目标，他就会想方设法找到通向目标的途径。著名经济学家李稻葵说过，青少年

尽早认准大方向，也就是尽早找到自己的未来发展大方向。一个人在明确大方向之后，就会突然发现自己的能量、才智比想象的高，能干成很多自己以前认为干不成的事情。而且，一个人确定了未来发展的大方向，此后就不会遇到人生的“岔路口”，不会犹豫不决，使自己始终朝着既定的方向前进。

小男孩的钢琴梦

☆★☆★☆

音乐是人类最美的语言。世界上有多少孩子爱好音乐，又有多少孩子想成为一名演奏家。

20 世纪 80 年代，有一个小男孩看见电视里播放的动画片《猫和老鼠》，他一下子被动画片里那只猫的手给震住了——猫竟然能弹出那么美妙的钢琴曲子。他感觉那只猫太厉害了，他也渴望像那只猫一样弹琴。

一旦开始练琴，老师是很严格的，练习起来也很枯燥。小男孩练得很刻苦，很快就能弹曲子了。5 岁时，他就在市里获得了钢琴比赛第一名。这个时候，小男孩踌躇满志，他又参加了全国首届少儿钢琴比赛，原以为自己能获得冠军，但比赛的结果却出乎他的意料——评委只给他了一个优秀奖。

小男孩随后的求学经历更是一波三折。他的父亲辞去了公职，带着孩子报考最高音乐学府。初到京城，父子俩租住在一处便宜的居民楼里。父亲满心欢喜地为儿子找了一位音乐老师，希望这样可以帮助儿子踏进钢琴家的门槛。

然而没有想到，老师教了几次之后对这个小男孩说："你反应慢，找不到感觉，不是这块料，最好别弹琴了。这里是最高音乐学院，不适合你，你还没到这个程度，你应该去二级三级的音乐学校学习，要么就改行。"很明显，这番话等于把这个男孩的艺术前途否定了。

钢琴老师的话令男孩打起了退堂鼓，他想到了放弃，甚至到了绝望的地步。小男孩决定退学，在最后一节课上，任课老师提议，让男孩给全班同学弹一首曲子。

这首曲子弹完了，同学们都说他弹得棒，接连鼓掌，要他再弹一首曲子！就这样，在同学们的掌声中，他连续弹了 10 首曲子！他弹完以后，心里特别高兴，激动得都说不出话来，心里从难受转成了兴奋。同学们的掌声对于男孩来说是一种很大的鼓励，他觉得他自己弹得挺好，还有人鼓掌。

回到家里，男孩对父亲说："我要继续弹钢琴。我又想当钢琴家了！"看到儿子重拾信心，父亲的脸上露出了久违的笑容。于是，父子俩决心一定要闯出个名堂来。

第二年，这个小男孩以优异的成绩考取了国家最高音乐殿堂，11 岁获得德国第四届青少年国际钢琴比赛第一名，13 岁获得第二届柴科夫斯基国际青年音乐家比赛第一名，17 岁进入美国著名的柯蒂斯音乐学院深造，3 个月后签约美国著名文体经济公司。

1999 年在芝加哥拉维尼亚音乐节上，因紧急替代生病的钢琴演奏家安德里·瓦兹而一举成名，成为世界著名的青年钢琴演奏家，被称为是“中国的莫扎特”，他就是中国的钢琴王子——郎朗。

男孩该懂得的道理

绝境并非完全不利，许多人都曾经身陷绝境，但他们最终还是克服和改变了自己的处境，并获得了成功。无数事实证明，绝境有时正隐含着更大的成功因素，只要你用自己的毅力和勇气加以克服，不利的因素就能转化为成功的种子。

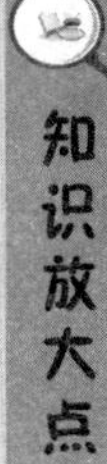

彼得·伊里奇·柴科夫斯基，俄罗斯著名音乐家。柴科夫斯基的音乐一向以美妙的旋律和华丽的和弦及戏剧般多彩的管弦乐著称，代表作有《天鹅湖》《睡美人》《胡桃夹子》《悲愤交响曲》等。

成长金点子

不要轻易放弃梦想

梦想是人生追求的最高境界，激励着人不断努力，让人感觉生活充满意义。如果人没有梦想，也没有追求，生活就会黯然失色。美国小说家马克·吐温说：

“不要放弃你的梦想，当梦想没有了以后，你还可以生存，但是你虽生犹死。”因此，有梦想就要坚守，不要轻易放弃。

在现实中，坚持梦想说起来容易，做起来难，尤其是自己的努力得不到别人的肯定，甚至遭到了权威人士的否定，自己的信心就会发生动摇。在这种情况下，需要排除外界的干扰，对自己进行客观的评判，据此做出正确的抉择。切勿盲目轻信别人的看法，半途而废。人们常说，失去双臂的人不会游泳，但有人曾尝试过，失去双臂后依然能游出很多花样。如果总是听别人说“不可能”，长期沉浸在别人僵化的思想中，永远不会打破常规，创造出奇迹。

从田间走来的音乐家

☆★☆★☆

很多少年儿童爱好音乐，有的学乐器，有的学演唱，还有一些儿童小小年纪就开始登台表演了。这对爱好音乐的儿童来说是幸运的，他们会从音乐中获得莫大的快乐，说不定还能成为一名演奏家或歌唱家。一名普通的农家孩子由于爱好音乐，后来成为享誉国际的音乐家，先后获得过格威文美尔作曲大奖、奥斯卡金像奖最佳原创音乐奖、格莱美奖最佳原创音乐专辑奖等。这个人就是著名作曲家、指挥家谭盾。

谭盾 1957 年出生于湖南长沙茅冲，他是在乡下长大的。小时候，他看到巫师（道场乐师）都会吹拉弹唱，通过动听的音乐讲述古老的故事，便想着也要当巫师。他一直把自己当成当地的音乐家，凡是村里有红白喜事，他会一马当先，小小的年纪在长沙乡下就小有名气。

1973 年的一天，当地中学开展学工学农活动，16 岁的谭盾被派到雷锋公社插田，田里面有很多的蚂蝗，他正在从腿上拔蚂蝗的时候，田间的高音喇叭响了：“同志们，这是一个特别的时刻，美国的费城交响乐团随尼克松来到了中国，你们听过交响乐吗？这就是费城之声，费城的交响乐就像银色的光芒一样，发出一种未来的声音。”这时，谭盾才知道世界上还有另外一个乐队，也可以演奏出不同的声音，这种音乐与他以前听到的音乐完全不同。他以前听到的竹乐、丝乐、响乐、弦乐，都是湖南当地常见的音乐。

听到交响乐以后，谭盾感觉这种音乐太迷人了！好像在音乐世界看到一片新天地，于是他渴望学习交响乐，不再想当巫师了，而要当贝多芬，要写这种音乐。后来，他就决定考音乐学院。当时想报考音乐学院等高等院校必须是插过队、务过农的人，想进文艺团体也进不了。为了实现自己的音乐梦，谭盾就下乡插队去了，耕田、插秧、收割，每天干十六个小时农活，插秧、收割也都十分熟练。

有一天，谭盾正在田间插秧，突然从远处来了一个人，走到大家面前，问道：“谁叫谭盾？”谭盾的心“砰”的一下跳动起来，疯狂地跑上去回答说：“我就是谭盾”。来人说：“我告诉你一个很不幸的消息。”谭盾就发愣了，他原以为来人会带来喜讯。来人说：“湖南京剧团去洞庭湖巡演，演员和乐队两艘船，但是乐队乘坐的那

艘船沉没了，没有乐队了。现在我们在全省召集年轻的音乐人才，弥补他们留下的空缺，听说你是一个年轻有为的巫师。”谭盾当即表示：“我要去！我一定要去！”就这样，他从田地里进入了县京剧团。

在京剧团，第一次排《打虎上山》，听到剧中的音乐，谭盾兴奋不已，他觉得这个音乐很有意思，也不比交响乐差嘛，开始喜欢上了京剧。1978 年他考上了中央音乐学院，毕业后前往纽约哥伦比亚大学深造。

谭盾刚获得艺术音乐博士学位，就接到一个乐团请他担指挥，打开合同一看竟然是费城交响乐团，他当时觉得这个梦怎么成真了呢？他有点害怕，也不敢相信。

第一次来到卡内基音乐厅，他站在指挥台上进行排练的时候，看到下面乐团的成员，心想着这就是二十年前，他在田里插秧的时候，把他引入交响乐的那个乐团吗？此刻他总觉得不是真的。二十年间，他从在田间插秧的少年走到费城交响乐团的指挥台，手中拿起指挥棒就是落不下去。乐团里有人问他：“大师，这是怎么回事？”谭盾对他们讲了当年的故事。听完这个故事，乐团的演奏家们看着他，仿佛他们也在梦里了。

男孩该懂得的道理

俄国作家车尔尼雪夫斯基说，人的活动如果没有理想的鼓舞，就会变得空虚而渺小。梦想是会移植的，就像谭盾所经历的那样，倘若此前他没有梦想，就不可能进入湖南京剧团，也不可能走进音乐学院，更不可能站在费城交响乐团的指挥台上。一个人要想活出自己的精彩，就要有梦想。即使梦想没有实现，追梦的过程也是充实而愉悦的。

交响乐的名称源于古希腊，是当时“和音”和“和谐”两个词的总称。按照约定俗成的惯例，交响乐主要是指交响曲、协奏曲、乐队组曲、序曲和交响诗五种体裁。奥地利作曲家海顿一生共创作了一百二十多部交响乐。他确立了交响乐的形式和规模，因此他被人们誉为“交响乐之父”。神童莫扎特和被后人尊称为“乐圣”的贝多芬把维也纳乐派和古典主义发展到了巅峰状态，使得交响乐进入了黄金时期。

成长金点子

梦想不分贵贱

梦想是蕴藏在我们内心最强烈的渴望，也是我们实现人生目标的原动力。我们生长在不同的家庭，接受教育的长短不同，兴趣爱好也不一样，所以，个人的梦想也不完全一样。有的梦想成为科学家，有人梦想当警察，有人梦想当老师，有人梦想开火车……无论有什么梦想，都是发自内心的愿望，没有贵贱之分，也不存在高低的区别。

在当今的社会中，行业分化越来越多，只要有梦想，在哪个行业哪个岗位都能成就自己的梦想。实现梦想好像攀登一座高峰，只有不畏劳苦沿着陡峭山路向上攀登的人，才有希望到达山峰的顶点。

第三章

自信是成功的起点，没有自信就没有未来

爱尔兰作家萧伯纳说，有信心的人，可以化渺小为伟大，化平庸为神奇。人类开创每一项伟大事业都有信心的支撑，而且由信心跨出第一步。即使在平凡的学习和生活中，做任何事有信心，才会付诸行动。一个充满自信的人，在完成一件事的过程中，往往充满激情和活力，即使遇到困难和挫折，依然保持必胜的信念，迎难而上，直到取得最后的成功！

一切没什么可怕的

☆★☆★☆

2012年，弗拉基米尔·普京正式宣誓就任俄罗斯总统。4年前，他由总统变身为总理，4年后重新入主克里姆林宫。身份的转换背后，表现了普京对自己“给我20年，还你一个强大的俄罗斯”承诺的决心。在世人眼中，俄罗斯总统是响当当的硬汉子。在坚强的外表下展现出自信的秉性。

普京出身工人家庭，父母在他小的时候就暗示，他日后必须上大学。他父母自己大概也弄不清到底让普京去考什么大学，但有一点他们是铁定无疑的，那就是他必须接受高等教育。在高等教育比较普及的俄罗斯，上大学是谁也不愿轻易放弃的最低标准。

然而，普京的柔道教练拉赫林却对普京考大学的志向不以为然，反倒力主他去报考大专。

原来，普京从13岁起就跟随拉赫林在列宁格勒金属工厂附属高等技术学校体育俱乐部练柔道。教练们能轻而易举地将其所有学员顺利地转入这一学校，从而使他们免除兵役。

于是，拉赫林特意约见普京父母，告诉他们根据普京的成绩他可以被保送到这所高等技术学校，根本不用考试。他还说，这所学校不错，如果放弃这个大好机会，就是做天大的傻事。考大学本身是一种冒险，万一考不上，普京就得马上参军入伍。

普京的父母听拉赫林这么一说，原先一定要让普京考大学的想法也有些动摇，并开始给普京做思想工作。这样，普京便陷入“两面夹击”的境地：在训练场上，拉赫林教练劝他；回到家里，父母又给他摆道理。说来说去，都是叫他放弃报考大学，稳稳当当地转入高等技术学校就读。

这是普京人生的一个重要关头，普京必须做出抉择：要么现在一切都由他自己决定，从而走向下一个他所期望的人生新阶段；要么他认输，听从父母和教练的安排。

最终普京毅然坚持报考大学，他对父母说：“我就是要考大学，就这么定了！”

“那你就得去当兵。”家里人众口一词地说。

“当兵就当兵，没什么可怕的！”普京坚定地回答。他父母也没有再勉强。

普京没有辜负父母的期望，也出乎教练的意料，当年如愿以偿地考上了列宁格勒大学法律系，他的人生从此跨入一个决定性的新阶段。普京完美地度过了人生中的第一个转折点。

假如普京当初听从父母和教练的安排进入技术学校，后来他很可能就没有机会成为总统，俄罗斯的历史也将要改写。

男孩该懂得的道理

自信是一切成功的起点和开始，是成功的先决条件。一个人无论做任何事，拥有自信就等于已经成功了一半。普京在人生第一次抉择时，面对考大学还是被转入技校，他毅然坚持报考大学，并告诉父母，即使考不上大学，“当兵就当兵，没什么可怕的”，话语中透露出对未来的一切毫不惧怕，这是自信的人才具有的果敢和气度。后来的事实证明，普京当初的决定是对的。

知识放大点

柔道的根源是中国武术。柔道源于古代日本武士空手搏斗的技术。1962年国际奥委会承认柔道为永久性比赛项目。柔道共分为十段五级，以腰带颜色来辨示段位。由初段到五段的腰带为黑色，六段到八段为红白凸间，九段到十段为红带，一级颜色分别是：咖啡色、蓝色、橘色、绿色、黄色。

成长金点子

自信是成功的起点

自信是成功的基石。自信蕴藏着一种潜在的、强大的力量，可以推动着人不断向前进步，拥有了它，就注定可以当一个不平凡的人，注定可以成就一番事业。

自信是失败的支柱。人生难免挫折和失败，只要拥有自信，就永远不会被挫折和失败所击垮，而且依然会保持顽强的斗志和必胜的信念。

自信不是孤芳自赏，不是得意忘形，也不是自以为是，更不是盲目乐观，而是建立在对自己正确的认识基础上，激励自己不断进取的一种积极心态，是保持高昂斗志、迎接各种挑战的一种乐观情绪。唯有这种自信，才能让我们勇敢地面对人生遇到的困难和挫折，收获人生的精彩。

凡人也能当总统

☆★☆★☆

威廉·杰弗逊·克林顿于1946年8月出生在阿肯色州一个小店主的家庭，人们通常称之为比尔·克林顿，美国第四十二任总统。1992年他与副手艾伯特·戈尔一起在击败当时竞选连任的老布什而当选总统，并于1996年以压倒性优势击败共和党参议员鲍伯·杜尔连任。到2001年离职时，克林顿是历史上得到最多公众肯定的总统之一，也是仅次于西奥多·罗斯福和约翰·肯尼迪之后的最年轻的美国总统，以及富兰克林·罗斯福之后连任成功的唯一一位民主党总统。

在结束总统生涯之后，比尔·克林顿仍旧是美国人最喜欢的总统之一。美国人喜欢克林顿的原因非常一致，十个里有九个说是他拥有“超凡的魅力”，还有人说他是美国“智商最高”的总统，是继肯尼迪之后最好的总统。

从无名小辈打拼成美国总统，克林顿的故事无疑是一个真正的美国梦，充满了新鲜和离奇。尽管克林顿已经卸任，但他还是忙得不亦乐乎，在美国媒体的“曝光率”排行榜上也总是名列前茅。

有一次，克林顿来到加州康普顿市一所以他的名字命名的小学，给 800 名小学生当了一回“人生导师”。他现身说法，鼓励这些孩子“要有一个超凡的梦想，并相信自己一定有能力实现它”。

孩子们都很崇拜这位前总统，对他的爱好也一清二楚。在克林顿此行之前，他曾收到一个名叫罗莎的西班牙裔小女孩的一份“大礼”，其中包括一件高尔夫球衫、一幅学校图画和一顶写有“克林顿小学”字样的棒球帽。

来到学生之间，克林顿与学生们展开了轻松交流。罗莎问克林顿：“是什么原因使您走上了从政的道路？您又靠什么秘诀取得了成功？”

克林顿兴奋地说：“我 16 岁那年，作为中学生代表参观白宫，那天碰巧遇见了约翰·肯尼迪总统，总统的勉励给了我很大的信心和动力。正是那次会见的经历，影响了我自己的一生，可以说这就是我政治生涯的起点。”

在谈到成功的秘诀时，克林顿认为，他自己的经历可以给孩子们做个榜样。他说：“我出生在阿肯色州的一个小镇上，那里从来都没有产生过一个总统。我的家庭是一个单亲家庭，但我的母亲变着法儿地给我信心，让我觉得我可以做任何我想做的事情。就这样，我一步一步从阿肯色州走到了耶鲁大学，最后走进了白宫。同样，你们每一个人都可以做到，前提是你们必须对自己充满信心！”

罗莎与其他同学对这样的答案非常满意，她大声地回应克林顿：“今天我遇见了克林顿总统，我认为这也影响了我的人生！”克林顿听完大笑：“我保证将来某一天，我们会选举出美国有史以来第一位

西班牙裔的女总统。”

男孩该懂得的道理

作家威尔逊说过：“一个人有自信，然后全力以赴，任何事情十之八九都能成功。”克林顿从无名小辈打拼成总统就是例子。想做一名有出息的男孩，将来有所成就，从小就要培养自信心，学习之外适当接触社会，不断提高自身的综合素质，努力完成自己计划的一些小目标，这样就会越来越自信。

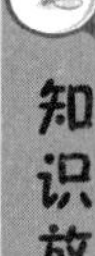

知识放大点

约翰·肯尼迪，美国第35任总统，美国著名的肯尼迪家族成员。他曾先后任众议员和参议员。1960年当选为美国总统，1963年遇刺身亡。

成长金点子

让自己成为自信的人

每个人都有自己的不足，只要树立了自信，我们就能克服这个弱点，把握住自己的命运，走向成功的未来。那么，怎样培养自信呢？可以归结为两点：一是做出并履行承诺；二是设定目标，并实现目标。只要做到了这两点，我们就会成为一个有自信的人。遇事就不会慌张，不会在困难和挫折面前不知所措，迷失自己。起初做承诺的时候要慎重一点，设定目标的时候现实一点，一旦做出一个承诺，就想尽办法去兑现它。

当我们一点一点地都做到了，时间久了，就养成了习惯，遇到任何事情都能冷静思考，轻松应对，自信就会随之而来了。

我是未来的州长

☆★☆★☆

不少人有这样的感受：自己做一件在外人看来难以完成的事情，因为不断鼓励自己，身上感到有一股无形的力量，甚至遇到困难也毫不退缩，正当感到山穷水尽之时，发现柳暗花明。人生常常也是如此，不断激励自己，发掘自身的潜能，就会发现其实自己也很优秀。

美国纽约州前州长罗杰·罗尔斯小时候生活在大沙头，那里是美国声名狼藉的贫民窟，环境肮脏，充满了暴力和犯罪，是偷渡者和流浪汉的聚居地。在这里出生的孩子，长期的熏染使他们从小就学会了逃学、打架、吸毒，长大后很少有人从事体面的职业。

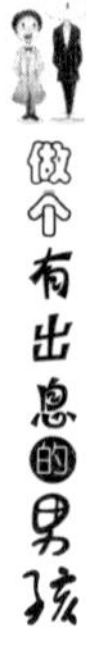

然而，罗杰·罗尔斯是个例外，他不仅考入了大学，而且成为了美国纽约州历史上第一位黑人州长。

在罗尔斯的就职记者招待会上，一位记者问他："在那种环境里，是什么将你推向州长宝座的？"面对众多记者和支持者，罗尔斯对自己的奋斗史只字未提，而是深情地谈到了他上小学时的校长——高登·保罗先生。

1961年，高登·保罗先生被聘为大沙头诺必塔小学的董事兼校长。当时正值美国嬉皮士流行的时代，他走进大沙头诺必塔小学的时候，发现这里的孩子比所谓的"迷惘的一代"还要无所事事。在学校里，他们旷课、斗殴，甚至砸烂教室的黑板。高登·保罗想了很多办法来引导这些孩子，可是没有一个奏效的。后来，他发现这些孩子都有点迷信，于是，他在上课的时候就多了一项内容——给学生看手相，他用这个办法来鼓励学生。

当罗杰·罗尔斯从窗台上跳下，伸着小手走向讲台时，高登·保罗郑重其事地告诉他："我一看你修长的小拇指就知道，将来你肯定是纽约州的州长！"当时，罗尔斯大吃一惊，因为他长这么大，只有他奶奶让他振奋过一次，说他可以成为5吨重小船的船长。这一次，高登·保罗先生说他可以成为纽约州的州长，这实在是出乎他的意料。于是，小罗尔斯记下了这句话，并且相信了它。

从那天起，"纽约州州长"就像一面旗帜引导着罗尔斯，他的衣服不再沾满泥土，说话时也不再夹杂污言秽语，他开始挺直腰板走路，他成了班干部。在以后的40多年间，他没有一天不按州长的身份要求自己。51岁那年，他真的成了纽约州州长。

在罗杰·罗尔斯的就职演说中，有这么一段话：在这个世界上，信念这种东西任何人都可以免费获得。这两个看似简单的字，其实蕴涵着深刻的道理，它可以产生一种神奇的力量，从而让我们无论做什么事情都充满自信、热情和斗志！

男孩该懂得的道理

韩国前总统金大中在他的传记中写道：“信念是一切奇迹的起点，所有成功的人最初都是从一个小小的信念开始的。”罗尔斯从小深信自己未来会成为州长，最终如愿以偿。信念的力量是神奇的、惊人的，只要将人生目标作为自我激励的信念，也许你也能创造出奇迹！

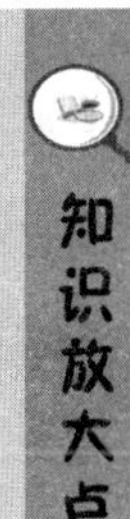

迷惘的一代，又称迷失的一代，是美国文学评论家格特鲁德·斯坦因提出的第一次世界大战到第二次世界大战期间出现的美国一类作家的总称。他们共同表现出的是对美国社会发展的一种失望和不满。

成长金点子

怎样消除自卑心理

从心理学上讲，自卑属于性格缺陷。它是一种消极的心理状态，是青少年心智健康成长的障碍，也是成才和成功道路上的“绊脚石”，因此必须消除自卑心理。

首先，正确认识自己。恰当地评价自己，一方面要善于发现自己的长处，肯定自己的成绩，意识到自己也很优秀，不要把自己看得一无是处；另一方面不要把别人看得十全十美，别人也有不足之处，不要用别人的长处比较自己的短处。

其次，保持乐观心态。积极参加集体活动，主动与人接触。面对生活中的烦恼，要及时进行自我调节，或者向家人、朋友倾诉，使不愉快的情绪得以化解，不能把郁闷长期压抑在心里，从而形成自卑心理。

总有一件事适合你

☆★☆★☆

如今很多同学喜欢漫画，也许看过史努比系列漫画。半个多世纪以来，史努比、查理·布朗等故事人物的触角延伸至全球几十个国家，每天陪伴着数以万计的人一同欢笑。也许你不会想到，史努比系列漫画的作者查尔斯·舒尔茨小时候并不出众，凭借执著的信念才使这部漫画得以面世。

在查尔斯·舒尔茨的笔下，一个绰号叫斯帕奇的男孩在学校里的日子是非常糟糕的：他读小学的时候，各门功课经常亮红灯，考试很少有及格的时候。到了中学，他的物理成绩通常是零分，学校有史以来物理成绩最糟糕的学生非他莫属了。斯帕奇在拉丁语、代数及英语等科目上的表现同样的糟糕，即便是体育课，他的成绩也不见得好到哪里去。虽然他参加了学校的高尔夫球队，但在赛季唯一的一次重要比赛中，因为表现不佳，他所在的球队输得也是干净利落，即使是在随后为失败者举办的安慰赛中，他的表现也是一塌糊涂。

在斯帕奇的整个成长时期，他从来都是笨嘴拙舌，社交场合根本见不到他的人影，这并不是说其他人都不喜欢他或者讨厌他。事

实上，在人家眼里，他这个人压根儿就不存在。如果有哪位同学在校外主动向他问候一声，他会受宠若惊并感动不已。

在别人眼里，斯帕奇或许是一个彻彻底底的失败者，每个认识他的人都知道这一点，他本人也很清楚，然而他对自己的表现似乎并不放在心上。从小到大，他只在乎一件事情，那就是画画。他坚信自己拥有不凡的画画才能，并为自己的作品感到骄傲。但是，除了他本人以外，他的那些涂鸦之作从来没有其他人看得上眼。

上中学的时候，斯帕奇曾经向毕业年刊的编辑提交了几幅漫画，结果一幅也没有被采用。尽管有多次被退稿的痛苦经历，斯帕奇从未对自己的画画才能失去信心，他依然坚持画画，并下定决心成为一名职业漫画家。

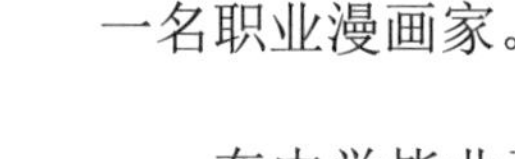

在中学毕业那年，斯帕奇给迪斯尼公司写了一封自荐信。这家公司让他把自己的漫画作品寄给他们看看，同时确定了漫画的主题。于是，斯帕奇第一次为自己的前途创作。他投入了巨大的精力与大量的时间，一丝不苟地完成了许多漫画。然而，漫画作品寄出后却石沉大海，最终迪斯尼公司没有采用他的作品，他的首次求职遭遇了失败。

生活对斯帕奇来说只有黑夜，没有阳光。在走投无路之际，他尝试着用画笔来描绘自己平淡无奇的人生经历。他以漫画语言讲述了自己灰暗的童年、不争气的少年时光，一个学业糟糕的不及格生、一个屡遭退稿的所谓艺术家、一个没人注意的失败者。他的画里融入了自己多年来对画画的执著追求和对生活的真实体验。

连他自己都没有想到，在他感到生活灰暗的时候，他所塑造的漫画角色一炮走红，受到了无数人的喜爱，他创作的连环漫画《花生》很快风靡全世界。在他笔下走出了一个叫查理·布朗的小男孩，也是一个失败者：他的风筝从来都没有飞起来过，他也从来没有踢好过一场足球赛，他的朋友都叫他“木头脑袋”。

熟悉小男孩斯帕奇的人都知道，这正是漫画作者本人——日后成为世界著名漫画家的查尔斯·舒尔茨早年平庸生活的真实写照。

男孩该懂得的道理

每个处于成长中的男孩都有自己的长处，也有自己的短处。每个人都有自己擅长做的事情，也有自己不擅长做的事情。不要以为自己在某些方面不如别人就以为自己笨，认为自己不行，从而感到自卑，其实这是你的潜能还没有被发掘出来，人的潜能是无限的。就算有一百件事你做不好，也会有一件适合你做的事等着你。你只要有信心，就一定能做好！

《花生漫画》，简称《花生》，是一部长篇连载的美国漫画，作者为查尔斯·舒尔茨。该漫画于 1950 年开始在美国报刊上登载，2000 年作者病逝时停止更新，总刊登的漫画数约为 1 万 7 千多则，在 75 个国家拥有 3 亿多读者，被翻译成 21 种语言。

知识放大点

成长金点子

锻炼培养自信的方法

进行积极的自我暗示。别人能做到的事，要相信自己也能做，而且能做得更好；平常多给自己一些积极的心理暗示，比如："我行，我能行，我一定行！""我是最好的，我是最棒的！"鼓舞自己的斗志，使自己逐渐树立起自信心。

敢于当众说话。当众说话是建立自信心的有效手段。在课堂上或公开场合尽量举手发言。不管回答问题有无把握，站起来大胆说，说错了也没关系，尽管把自己的想法说出来。只要敢讲，就会比那些不敢讲的同学收获大。

换一种角度看问题。没有自信的人总是只看到自己的缺点，看不到自己的优点，并且喜欢拿自己的短处与别人的长处作比较，因此常常导致情绪低落，缺乏自信。其实，“天生我材必有用”，我们根本不需要为自己的不足而自责，任何事情都有它的两面性，有时候换一种角度看问题，你会发现自己的不自信根本立不住脚。

4. 积极参加集体活动。鼓起勇气，大胆参加班级和学校组织的

集体活动，并在集体活动中虚心向别人学习，尽力做好每件事；不怕犯错误，犯了错误立即纠正；不怕失败，失败了就重头再来。这

样，就可以开阔眼界，增长才干，提高耐挫力，激发和巩固自己的自信心。

设想一个自信成功的“未来我”激励“现在我”。想象一个来自未来的自己——非常自信和成功，拥有你现在所希望的一切。然后让未来的自己对现在的自己说一些话，自己照做，总有一天你也会像未来的那个自己那么自信和成功。

第四章

有出息不是凭热情和愿望，而是依靠自己付出行动

奥格·曼狄诺在励志书《羊皮卷》里写道：“行动，像食物和水一样，能滋润我，使我成功。我现在就付诸行动。”男孩要想有出息，想把自己的梦想变为现实，只有愿望和热情是远远不够的，关键是要付诸行动。行动是成就一切的基础，理想再美好而没有实际行动，它永远都是空中楼阁。

看准了就行动

☆★☆★☆

如今，在我国互联网普及的地方，很多人查阅资料或咨询问题，就会打开“百度”搜索。“百度”作为搜索引擎公司，为网民提供了便利，同时也成就了其创始人李彦宏。

1968 年李彦宏出生在山西阳泉一个普通家庭，8 岁上了晋东化工厂子弟学校。初中三年级的时候，李彦宏第一次感受到了升学压力，他一心想上大学，想毕业后到阳泉一中读高中。那里大部分毕业生可以考上大学，是山西有名的“高考大户”。当时几乎没有人认为李彦宏能考上，李彦宏暗下决心，经过两个月的复习，居然以较高的分数考上了，令许多人大跌眼镜。他曾经在回忆这段人生最初的抉择时说：“我小时候有很强的不服输心理，越是大家不看好的事，我越是要做成。”

考进高中后，李彦宏一心苦读，想毕业后上大学。高中文理分科的时候，李彦宏选择了理科。其实，他那时对历史和地理的兴趣更大，他的作文经常在班上被当成范文展示，他还喜欢新兴的电脑。学校有一个电脑机房，有几台苹果电脑，很多人都想学，一个年级的学生就有 400 多人，僧多粥少怎么办？当时学校决定，谁的数学成绩好就选谁学计算机。李彦宏学了一年计算机，学校进行了一次考试，选出了前三名参加全国青少年程序设计大赛。

带队老师带着李彦宏和其他两个学生坐着火车到太原参加比赛，老师在火车上对他们说："你们三个人只要有一个人能够冲进全省前十名，我就没有白教你们。"李彦宏说："老师你放心吧，我们一定给你争光！"第二天就在太原参加了考试。等到比赛结束后，李彦宏走进太原新华书店顿时惊呆了，那里好几个书架上都是有关计算机编程的图书，而在阳泉的新华书店里，他能够看到的所有关于计算机的书就是他上课用的那本教材。比赛的结果出来了，他们三个人没有一个人进入前十名，而且他也清楚为什么进不去，因为选手在信息、资源面前太不平等了。

到了高三，在报考大学志愿的时候，很多学生和家长都为填报志愿犯愁。李彦宏学习成绩稳定在前 10 名之列，发挥好的时候可以排到年级第一名。按照往年的经验，李彦宏决定填报北京大学。虽然他喜欢计算机，但是他觉得自己不能报这个专业，因为他知道有太多的考生来自大城市，他们享有更多的计算机资源优势。于是，他想报一个既能够应用到计算机又不是纯粹计算机的专业，最后找到了图书情报系，也就是现在北大的信息管理系。1987 年，19 岁的李彦宏如愿考入北京大学。现在看来，这是李彦宏为什么做"百度"引擎，因为他那时心里就埋了这么一颗种子，能够让人们容易地找到想要的信息，

两三个月的北大新生活，李彦宏的情绪由新奇和兴奋转向低落，图书情报专业跟他理想中的太不一样，整日接触文献、目录，计算

机的课程比较少，所学的内容也比较浅。学校提倡学生选修其他系的课程，李彦宏喜欢计算机，经常去计算机系旁听专业课程。在那个年代，美国在计算机领域是比较领先的，要想掌握先进的科学技术，他毕业时决定到美国留学。但是，他发现美国没有与图书情报系对应的专业，这使他感到茫然。经过一番思考，他申请美国的计算机专业，后来被纽约州立大学计算机系录取了。

有一次，李彦宏看到有一位教授做计算机图形学，想要招一个助理研究生，他想去试一试。发过去简历后，教授叫他去面试，教授问他："你们中国有电脑吗？"虽然那个时候中国很少有人买得起电脑，但诺大的中国不至于都没有吧，教授的话让他内心震惊不小，他当时也不便多说什么，只是说"有"，然后就默默地离开了教授的办公室。

自从跟那个教授对话以后，李彦宏就意识到，他在计算机图形学上不行，但他有自己的强项，他对信息检索感兴趣，于是加入了一个搜索引擎公司，并下决心要让这个搜索引擎成为世界上最好用的搜索工具，然而很多事情他说了不能算数，许多建议也没有被采纳，这使他意识到需要做一件自己说了算的事。1999 年底，他回国创业创建"百度"搜索引擎，如今让数亿人方便地想找什么就能找到什么。

男孩该懂得的道理

从李彦宏求学和创业的经历中，我们可以总结出一个道理，那就是当你面对一个一个机会、面对一个一个选择的时候，就要付出行动，说干就干，不要犹豫。如果你认准了要做的事情，就不会害怕失败，不会担心被拒绝，就会坚持下去，一直到成功为止。

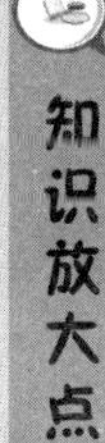

搜索引擎，是指根据一定的策略、运用特定的计算机程序从互联网上搜集信息，在对信息进行组织和处理后，为用户提供检索服务，将用户检索相关的信息展示给用户的系统。搜索引擎包括全文索引、目录索引等。

成长金点子

行动是最好的机会

在生活中，时常听到有人说，他具备成功的所有条件，只是缺少一个机会而已！每天等着机会的到来。其实，与成功相伴的机会从来不是等来的，而是靠人的实际行动换来的。我们应该明白，行动就是最好的机会！

著名成功学家布莱克说："只想不做的人只能生产思想垃圾，成功是一把梯子，双手插在口袋里的人是爬不上去的。"这句话强调，行动是一切的基础，实现理想、成就事业无不依赖于实际行动。即

使一个再小的梦想，没有行动也是空谈。如果说现实是此岸，理想是彼岸，中间隔着湍急的河流，那么行动无疑就是架在河上的桥梁。要想成功到达理想的彼岸，就必须付出自己的行动！只要付出行动，一切皆有可能。

在行动中看到了机会

☆★☆★☆

汪涵是电视台的节目主持人，主持了20多年的电视节目，机智、风趣的主持风格受到许多观众的喜爱。也许很多人想不到，如今已成为著名主持人的汪涵并没有名牌大学的文凭，开始只是一名剧务。

汪涵曾用爷爷取的名字“汪建刚”用了21年，直到1995年应聘成为客座主持人。之前电视台主持人流行用两个字的名字，汪涵觉得自己的原名有点土气，不容易让观众记住，就打定主意改名字。恰巧当时天气寒冷，他就把名字改成了汪寒。他的朋友说这个名字让人感觉太冷了，不如再改改。于是“汪寒”便成了“汪涵”。

汪涵1996年从湖南电视播音专科学校播音班毕业，毕业后进入湖南电视台。当时有一个电视节目叫做《男孩女孩》，汪涵跟其他人围绕这个栏目出谋划策，每天上午开会，中午到食堂吃饭，下午接着又开会，晚上在办公室睡觉，第二天又是开会。这样的生活节奏让刚从学校毕业的年轻人感觉特别新奇。但是，他后来打了很多次报告都没有能够留在湖南电视台，就去了湖南经济电视台。

进台第一年，汪涵开始做剧务，每天往演播厅搬椅子，召集现场观众，什么杂事都要干。那个时候现场256个观众，每个观众来看节目的时候都会发个塑料袋，每一个塑料袋里有50多件礼品，汪涵负责给每个观众席放礼品，卤蛋粉、灯泡、水龙头、面条、酱油……每天做这些也感觉很快乐。当然，也有吃苦的时候，有一年电视台举办台庆晚会，有一个环节需要汪涵在上面剪断一根吊着箱子的绳子，他只得提前爬上去，那天特别冷，他一边在横梁上爬，嘴里还叼着手电筒，其吃苦精神可见一斑。

不久，汪涵就当了现场导演，给现场观众朋友讲一些笑话活跃气氛，带领现场观众鼓掌。

有一次，台长到现场来看节目。“哪儿来的现场导演，小伙子，你过来。”汪涵过去了：“台长，你好。”台长说：“把俩手伸出来。”汪涵说：“啊？怎么做节目还检查指甲盖洗没洗干净？”他一伸手，手掌拍得特别红。台长说：“你们看，这个现场导演多么投入，鼓掌鼓得多么卖力啊。”虽然工作辛苦，汪涵觉得特别快乐，因为当时所有人现场看综艺节目录制都要想办法弄到票，汪涵几乎每期都在里面。后来，汪涵当了导演。让他特别欣赏的节目主持人按照他的想法去做节目，还有什么比这更开心的呢！

没过多久，电视台筹划台庆晚会，同事说：“汪涵是学播音主持的，你让他去试试吧。”他觉得能在全台同事的面前主持节目，开心得不得了。后来，电视台又做了一档节目叫做《真情》节目，台

长就问一位节目主持人："汪涵做搭档可以吗？"主持人回答："可以。"台长又问了一位灯光师："你觉得汪涵可以吗？"灯光师说："不错！暖场的时候全场观众都乐成那样，让他去做吧。"就这样，汪涵当上了主持人。

此后，汪涵曾主持过《音乐不断歌友会》《超级女声》《快乐男声》等节目，现在主持《天天向上》《越策越开心》等。2009 年当选湖南省电视艺术家协会副主席，2010 年入选"电视节目主持人 30 年年度风云人物"，2011 年当选第十届湖南省政协委员。2013 年出任《天天向上》制片人。

许多年轻的观众往往只看到汪涵获得的成就，而不一定知道他为此付出的努力。他曾在一次演讲中深有感触地说："所有的每件事情，我心里觉得应该这么做，而且这么做我特别开心，不管是什么情况，我都接受。比如说，今天的灯光突然间没有往昔那么好了，今天的摄像不是你以往熟悉的，今天化完妆后总觉得黑眼袋比平常大很多，今天的嘉宾、今天的台本，今天所有的一切都那么不如意，赶快在内心鼓掌吧，因为你的机会来了！我一定要学会很好的忍耐这样的一个特别尴尬，或者是特别难堪的局面，我一定要扛下去。"

男孩该懂得的道理

一个人只有美好的梦想而没有付出行动就不可能走向辉煌，只掌握课本知识而没有实践经验也不可能功成名就。汪涵从一个中专毕业生到电视台剧务、从剧务到现场导演、从导演成为著名主持人，一步一个脚印，让我们看到行动的力量。只要有理想，别怕从小事做起，平凡的岗位上潜藏着许多成才和成功的机会。眼高手低，大事做不来，小事又不做，只能是羡慕别人。

知识放大点

剧务，是剧组服务的简称，是电视剧摄制过程中的日常事务负责人，其主要工作任务是在制作主任的直接领导下做好衣、食、住、行等方面的工作。

成长金点子

机会不是等来的

行话说，台上一分钟，台下十年功。成就一项事业需要行动，需要经年累月的付出。

正可谓："成功的花，人们只艳羡她现时的明艳！然而当初她的芽儿，浸透了奋斗的泪泉，洒遍了牺牲的血雨。"生活中，有人羡慕别人成功，羡慕别人机会好，却没有看到别人在荣耀和鲜花背后所付出的艰辛，也没有意识到机会是别人争取来的，并不是别人白捡的。其实，机会往往是在行动中发现的，是有准备的人在实践中寻找出来的。守株待兔，坐着等机会无异于痴人做梦。

向着目标不断前进

☆★☆★☆

喜欢看职业篮球比赛的人大概都知道肖恩·巴蒂尔，他是前美国职业篮球运动员，司职小前锋，绰号“蝙蝠侠”，他曾是美国男子篮球队成员之一，职业生涯曾效力过孟菲斯灰熊队、休斯敦火箭队和迈阿密热火队，在2011—2012赛季中，他随热火队夺得了自己职业生涯中的首个NBA总冠军戒指，2012—2013赛季获得生涯第二冠。在他成功的背后有哪些故事可以分享呢?

巴蒂尔出生在密歇根底特律的平民家庭，他的父亲是一位言语不多的商人。父亲告诉过他重要的一点，也是巴蒂尔从父亲身上看到的，父亲教会他的，那就是每天都要为梦想竭尽全力。他的父亲每天起床后，穿戴好衣服，就会提醒自己，无论是生病了还是觉得劳累了，都要竭尽全力。

小时候，巴蒂尔就展现出过人的才华，他四岁开始练习篮球，天赋还不限于此。在他所在的小学里，他的学习成绩从来都是最优秀的。他还擅长小号，12岁那年，他是伯明翰一年一度的少年管弦乐音乐会上165名小号手中的首席演奏者。

他12岁的时候，身高是1米8，当时就像铅笔一样的瘦。有一天，巴蒂尔跟小伙伴们聊天，他告诉他们说，有一天他会到NBA赛场上去比赛，这些小伙伴都嘲笑他，并告诉巴蒂尔说："你太瘦了，跑得不快，跳得也不够高，你绝对不可能到NBA去打球的，你绝对不可能完成你的梦想。"年仅12岁的巴蒂尔听到这样的话很伤心，因为他们不认可巴蒂尔的梦想。当时，巴蒂尔觉得最看中的是自己的梦想。他每天早上起来，看着镜子问自己："肖恩，你每天都准备好了吗？今天你要竭尽全力，去接近梦想，接近一点也好。"

晚上刷牙睡觉前，巴蒂尔同样看着镜子问自己："不要想昨天也不要想明天，只想想今天，我是不是离我的梦想、离我的目标近了一点点呢？"他每一天都在练习，一点一点地进步。

1993年，巴蒂尔进入底特律国民日间高中，这所学校里曾出现过不少出色的球员，其中包括巴蒂尔小时候的偶像克里斯·韦伯，他当时是NBA选秀的第一名。在巴蒂尔还是高一的时候，周围的同学告诉巴蒂尔："你永远没办法像克里斯那样出色，因为克里斯很强壮，而且力气也很大，但是你跑得不快，弹跳力也不行，你永远也不可能成为他。"巴蒂尔小时候已经听过类似的话了，这时他该怎么做呢？巴蒂尔依旧看着镜子对自己说："你要知道，只有你自己的想法是最重要的。"他就不断地努力，用行动接近自己的梦想。巴蒂尔在这里凭借超高的篮球智商打动了教练，迅速成为学校球队的核心。从高二开始，他就带领该校球队横扫底特律的所有高中，轻松夺得密歇根州高中篮球的三连冠。在高中毕业的时候，他是那一年整个全美高中明星队里面的一员，是当时全美高中生中最棒的篮球运动员。

巴蒂尔高中毕业后，他决定进入杜克大学，这是一个学术与篮球都很出色的大学。当他申请杜克大学时，周围的人用怀疑的口气说："哦，肖恩，你现在篮球打得很好，但你在大学的时候，应该不会那么出色了，因为你速度比较慢，跳得也不高，而且你也不够强壮，你的篮球意识也不够强。"这样话在巴蒂尔 12 岁的时候就听过，在他十四五岁的时候也听过。面对人们的质疑，巴蒂尔又站在镜子前问自己："你准备好了吗？你要去向那些质疑你的人证明，证明他们是错的，所以，你就要不断地奋斗！"

1997 年，巴蒂尔来到杜克大学，跟他一起入学的还有其他篮球好手，由他们组成的杜克大学球队在 1999 年大学篮球赛中取得亚军。此后，其他队员相继进入 NBA 或转学，被誉为"黄金一代"的杜克大学篮球队就只剩下巴蒂尔了。大二时，巴蒂尔升任校队主力。大四时的巴蒂尔全面开花，无疑成为校队中闪耀的球员。在对阵普林斯顿大学的比赛中，他投进 9 个三分球，一举刷新杜克校史记录。这一年，他在决赛中对阵亚利桑那大学，巴蒂尔拿下 18 分、11 个篮板球、6 次助攻和 2 个封盖，最终带领校队夺得冠军。

虽然巴蒂尔的身高并不出众，摸高的数据也一般，速度更谈不上优秀，但他却是球队里最好的封盖手，这一切都归功于他出色的预判能力。大学期间，他用 226 个抢断和 111 次造成对手进攻犯规，这两项创造了杜克大学校史上的记录。

在四年的大学结束以后，巴蒂尔决定加入 NBA。人们的质疑又来了，他们说："肖恩，你大学的时候是很好的球员，但是你绝对不可能是一个优秀的专业球员。"巴蒂尔仍然对着镜子告诉自己说：

“现在是你继续努力的时候了！”

12 年之后，巴蒂尔在两支著名的球队里打过球，赢得了 NBA 的两个总冠军，他的篮球梦成真了！

男孩该懂得的道理

美国著名哲学家、诗人爱默生说：“一心向着自己目标前进的人，整个世界都给你让路！”一个人要想实现自己的目标，就要像巴蒂尔那样经常提醒自己，用行动回答别人的质疑，始终朝着既定的目标前进，今天努力一点，明天进步一点，聚沙成塔，集腋成裘，这样就会离目标越来越近。

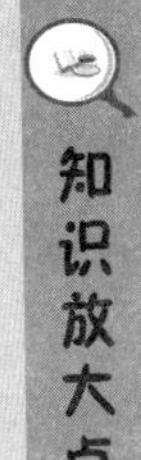

知识放大点

NBA 是美国男子职业篮球联赛的简称。它成立于 1946 年，成立时叫 BAA，即全美篮球协会，是由 11 家冰球馆和体育馆的老板为了让体育馆在冰球比赛以外的时间，不至于闲置而共同发起成立的。

提高行动的效率

首先，从现在做起。现在应该做什么，就马上动手；需要什么条件，就设法创造什么条件，先干起来再说。在这一过程中遇到的问题随时解决。从现在做起，是实现人生理想的重要一步。

其次，当天的事情当天完成。一个人要想实现自己的人生理想，必须从当日做起，当日的事情当日完成。否则事情越积越多，再想要完成就会困难得多。当日事当日毕，是实现人生理想的重要措施之一。

最后，克服磨蹭、拖沓的坏毛病。坚决杜绝诸如“再等一会儿”“明天开始做”等这样的念头，在做一件事情前，最好能给自己定出一个最后期限，以便自我约束或者让家人监督。

自己争来的机遇

☆★☆★☆

有的男孩小时候的梦想是自发自愿的，他的成长道路是自己选择的；也有男孩的人生目标是父母规划的，他只得走在父母为他安排的人生道路上。我们姑且不评论这两种不同成长轨迹的利弊，无论哪种人生道路，只有努力才能取得成功。

黄豆豆是我国舞蹈艺术家，父亲是一个工人，很喜欢舞蹈，从他记事的时候，父母就对他说："你一定要替我们走完我们没有走完的舞蹈路。"从 10 岁开始，黄豆豆就被父母带着参加舞蹈学校、专业院校、艺校的考试。

在两年的时间里，他经受了两次挫折。第一次是报考北京舞蹈学院附中。在考试中，所有的孩子排好队进入考场里站着，招考的老师说："你，你，你，你，请上前一步。"其中有黄豆豆，然后老师说："好，你们这几位小朋友回家好好读书吧。"这就意味黄豆豆和这些孩子被淘汰了。第二次是父亲陪着黄豆豆一起去面试，招考的老师对他的父亲委婉地说："是这样，这个孩子先天比例不好，因为他的腿太短了，这样的孩子将来长个也不会特别高。"他又被淘汰了。这两次失利让黄豆豆内心很受打击，此后有一段时间他就选择

逃避，别人提到“舞蹈”两个字，他就会走开。

儿子没有被选中，父亲的情绪很失落，回到家里，他抽空做了两个铁环，把铁环装在家里的房梁上，让黄豆豆练习身体倒挂。这一招真管用，在3个月里，黄豆豆的腿真的长长了3厘米。此前他的上下身比例只有6，经过这3个月的拉伸锻炼已经达到9，但是专业学校的标准是10。一家人每天就在想，终于想出了一个应对的法子：当考官量黄豆豆上身比例的时候，他习惯性地塌着腰，在量他下半身的时候，他的屁股再撅一点点，终于用这种办法争取到了最后的1厘米。黄豆豆12岁，离开家里，到了上海舞蹈学校，舞艺大有长进。

当时，黄豆豆想去参加比赛，并想在比赛中获奖，以此证明他有舞蹈才能，可以在舞台上为自己争取到一个角色。1992年在上海市首届“世纪杯”比赛中获得第三名，1993年又在第十五届“上海之春”获得优秀表演奖，但他并不满足这些成绩和荣誉，期待更大的机会。

有一天，黄豆豆经过学校的走廊，看到编导给学员排舞蹈，一个演员站在八仙桌子上跳舞，手里拿着一面鼓。看到这个排练瞬间，黄豆豆也想学这个舞蹈，于是他等那些同学离开教室后，自己悄悄跑到教室里面，也不敢开灯，抱起教室角落里那个鼓，爬到桌子上，对着镜子偷偷练习。

机会留给有准备的人。过后不久，一位老师发现了他，并对他说：“豆豆，你来跳一跳吧。”黄豆豆激动地说：“是真的吗？好好好！”他随着音乐开始跳舞，跳完以后老师看着他也不说话。等到第二天，黄豆豆怀着忐忑的心情走到教室，这位老师说：“豆豆，我昨天看了你的舞蹈，觉得有很多地方不正确，你把我原来编排的中国民间舞风格的舞蹈跳成了中国古典舞。不过，我觉得这样跳也挺好。你愿不愿意跟我一起把《醉鼓》这个节目跳成一个正儿八经的中国古典舞。”黄豆豆听了老师的话很激动，一个劲儿地说“好好好”。

1994年，黄豆豆代表上海舞蹈学校参加全国“桃李杯”舞蹈比赛，幸运地获得古典舞金奖。让他没有想到的是，在这次“桃李杯”舞蹈决赛中，当年“春晚”的导演就坐在下面，导演觉得这个独舞很好，就让黄豆豆准备参加中央电视台的春节联欢晚会。1995年他去广州参加全国舞蹈比赛，他又获得古典舞金奖。黄豆豆因此免试进入北京舞蹈学院。

有一年，学校的舞蹈沙龙里正在演出四人舞《秦皇点兵》。黄豆豆一看就被兵马俑的气势吸引住了，听说是陈老师创作的这个舞蹈，他就上门请教，一连去了几次老师的家都没有碰到陈老师，后来看见了陈老师，他就请陈老师根据他自身的特点创作一个兵马俑独舞。陈老师觉得黄豆豆的形象很难演出兵马俑的威武。黄豆豆没有放弃，找了好多次，陈老师终于答应了。

1997年黄豆豆参加第五届全国青少年“桃李杯”舞蹈比赛，舞蹈同行听说他要演兵马俑的时候，所有人都不相信这么小的个子怎么去演高大的兵马俑，演出完之后，黄豆豆又获得了青年组的金奖，收获了他人生中的又一个成果。

男孩该懂得的道理

在舞蹈的舞台上，每个舞者要面对的是自己的舞台生命是有限

的。同样，在人生的舞台上，遇到成功的机遇也是有限的。机遇不单单是自己要去争取，同时也要感谢别人把机遇赐给你！当你争取到一个机遇的时候，其实是为自己将来争取了更多的一个机遇。

知识放大点

中国民间舞，是指在人民群众中广泛流传，具有鲜明的民族风格和地方特色的传统舞蹈形式。

成长金点子

抓住每一次机会

生活中，许多人在寻找成功的机会，渴望找到成名成家的捷径，却忽视了身边的机会。

学校里，每年都举办读书节、朗诵会、歌咏比赛、作文比赛、数学竞赛、科技小发明比赛等活动，每个活动都给学生提供了展示才艺的舞台，只要你有兴趣参加，有某一方面的特长，就会脱颖而出。社会上，比赛频繁，内容多样，演艺界的许多新秀就是通过参加海选成名的。所以，只要你想在某一方面有所发展，就应该重视每一次展示的机会。这样的机会不是坐着等来的，也需要自己争取。

第五章

有激情更要合理规划，管好自己才能飞得更高

有人说，人生就像飘在空中的柳絮，看似自由却身不由己，老天爷给了人很多诱惑，却又不让你人轻易得到。正因为如此，想有出息就应该仰望星空又脚踏实地，也就是说，既要放飞梦想，又要管好自己。人生有规划，成才有方向，行动有目标，才能飞向梦想的天空。

寒门学子登上哈佛演讲台

☆★☆★☆

2016年5月的一天，一条消息在国内各大媒体频繁转发，来自湖南宁乡县的哈佛学子何江作为优秀学生代表在哈佛大学毕业典礼上演讲。他是哈佛大学历史上第一位上台演讲的大陆学生。

何江出生在湖南宁乡县坝塘镇停钟村，他家的门前是广阔的田野，一眼望去，满目葱茏，一派悠闲的田园生活图景。上世纪80年代的湖南农村，像当时中国所有的农村一样，以土坯房为主，孩子的零食以糖水为主。新中国成立以后的第一代“留守儿童”就在那时诞生，越来越多的农村父母到城市里打工，老人照顾几个年幼在家的孩子。

1988年何江呱呱坠地，两年后弟弟出生。与村里其他农户明显不同的是，虽然家里经济条件一般，但何江的父母却有个坚定的信念——不能为了打工挣钱，而让儿子成为“留守儿童”。

何江的父母都是农民，一年到头靠种田也没有富余的钱，两个孩子读书需要花钱，他们首先想到节约，当时建房只建好了主体及进行了初步粉刷，就将所有的建设停下来，节约每一分钱用来供兄弟俩读书。他们对孩子的教育十分重视，觉得无论怎么困难，都要尽最大的能力坚持送孩子读书。何江印象最深的是睡前故事。无论白天农活儿干得多累、多苦，何江的父亲都会在睡前给两个儿子讲故事。

这些年来，因为供孩子读书，何江的父母听了不少风凉话。有人说，某某没读书也成了大老板；还有的说，北大毕业的还去砍肉，还不如早点出来打工赚钱。何江的父母认为教育能改变人生。在农村，许多妇女在农闲时通常喜欢聚集在一起唠家常。何江的母亲更喜欢陪着两个儿子一起学习。因为她不识字，她总是要求两个儿子把课本里的故事念给自己听，遇到听不懂的地方，她还会跟两个儿子讨论。何江他是一个懂事的孩子，他在竹山小学上学的时候，老师布置的作业几乎不用父母督促他就完成了。

何江小时候爱练毛笔字，他练字很舍得下功夫，可以写得和字帖上一模一样。他把压岁钱、零花钱都用来买了课外书。阅读范围很广，涉猎古今中外的名著。如《全唐诗》《安娜·卡列尼娜》《诗经》《桃花扇》等。

那时，每年何江的父母都要种 20 亩水稻，喂三四头母猪，十几头架子猪，劳动强度非常大，懂事的何江和弟弟学习之余会帮忙做很多家务。在农忙期间，何江和弟弟、父母一起早出晚归。小时候，父亲就经常跟兄弟俩讲，他十五岁就当家了，所以他也要求兄弟俩从小独立，学会干农活。那时候，何江曾羡慕其他小孩放学都可以去玩，他和弟弟却只能在家里学习或者下田。夏季天气闷热，他们还是要在水稻田里把农活干完。正是因为这样，何江从小就懂得必须干活家里才有足够的收成，才有饭吃。有了这种经历，他感觉到

能够在学校读书是一件多么幸福的事情。他印象深刻的是，父亲当时经常拿来鞭策他的一句话：“你如果读书读不出去，你就天天只能干这个活了。”

在农村，虽然大家都知道教育下一代很重要，但像何江父母这样再苦再累都能坚持下来的并不多。父亲对何江的学习管得很严，要求也比其他的父母高很多，总是不断要求他要做得更好。何江也受了父亲的影响，一直对自己的学习要求比较高。除了功课以外，父亲还会鼓励他培养独立思考的能力和表达能力，鼓励他踊跃在班级上发言和演讲。

每年的 9 月至 12 月，父亲就外出随捕鱼队打工。打鱼是门技术活，有很多小窍门，比如要会寻找鱼群，还要保证打上来之后都是活的，这样才能卖个好价钱。有时，父亲也给何江讲，读书和打鱼一样，也是有窍门的，要靠自己去总结经验。何江听了后很受启发，读初中的时候，全家人都睡在一间房子里，晚上睡觉前，何江会给大家讲当天学到了哪一章节，他记忆能力强，能原原本本复述出来。课后，何江会对各科知识进行梳理，把重点分科摘录在笔记本上。因为学习成绩好，何江在初中期间，学校对他寄宿、加课辅导都是免费的。

那个时候，课外辅导书对何江的家庭来讲是很贵的，大多数学生都是去借别人的，何江的父母会省下吃穿的钱给何江买书。虽然家境并不好，但他并未悲观，而是发奋学习。2002 年何江考入宁乡一中，在校三年期间，他具备“勤学、乐学、善学”三大特点，养成了独立思考的能力。自己开心学习的同时，常常主动帮助其他同学，考试基本都是全县第一名。同时，他体谅父母的不易，在宁乡一中读书时每月生活费仅150元，每天平均5元。

2005年何江从宁乡一中毕业进入中国科技大学生命学院学习，2009年荣获该校本科生最高荣誉奖——郭沫若奖，同年他到美国哈佛大学分子细胞学系硕博连读。目前已准备进入麻省理工学院读博士后。

2016年5月，何江成为哈佛史上第一位在毕业典礼上演讲的中国大陆学生。

男孩该懂得的道理

做任何事情，都要付出才有回报。种田如此、持家如此、读书亦如此。一个人的成才，天赋可能不是最重要的，更为重要的是后天的教育和个人的努力。如果不付出，没有人能够轻松地成功，特别是家庭经济条件不太好的男孩，既要有梦想，又要管好自己，才能飞向梦想的天空。

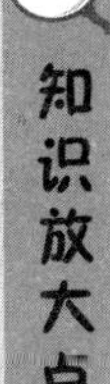

知识放大点

《诗经》，是中国古代诗歌开端，最早的一部诗歌总集，收集了西周初年至春秋中叶的诗歌，共311篇，其中6篇为笙诗，即只有标题没有内容。《诗经》反映了周初至周晚期约五百年间的社会面貌。

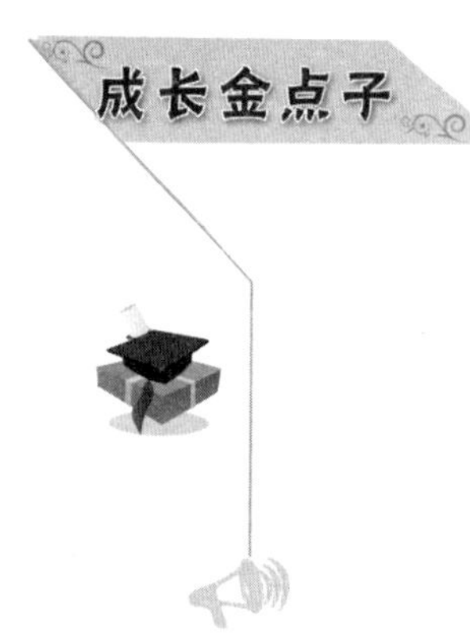

求学是成才的重要途径

近年来，有一种观点认为，寒门难出贵子，这看似有一定道理，实际上是不成立的。俗话说，世上无难事，只怕有心人。如果一个家庭重视对子女的培养，孩子也比较争气，即使出身寒门也可能成才。当然，由于受环境及经济条件的制约，农村孩子的成长过程相对要艰难一些。但是，艰苦的环境能够培养一个人自立自强的精神，以及为了理想而努力奋斗的信念。

著名鉴识专家李昌钰博士说：“大学教育太重要了。我假如没有完成我的大学教育，虽然我会破案，今天也不会在国际出名。但是大学教育不是能保证你就能成功，大学教育好像买一个火车月台票，只是给你有机会进月台，但是上哪班车，去哪个方向，到哪一站下车，那完全就要靠你自己。”对于普通家庭的学生尤其是农村孩子来说，读书仍然是改变人生命运的重要途径。通过刻苦学习考上理想的大学，成才和成功就比没有上大学的机会大。

赛场上“玩命”的巨星

☆★☆★☆

让自己快乐的方法，就是做能让自己满心欢愉的事情，而让自己满心欢愉的事情，当然就是能做自己喜欢的事情。若想在自己喜欢的事业上取得成就，自然离不开激情和勤奋。篮球巨星姚明是非常幸运的，因为他能做自己喜欢的事情；姚明也是快乐的，因为他在自己喜欢的事业上成功了；姚明也是幸福的，因为他不但满足了自己的兴趣爱好，而且实现了自己的理想。

小姚明刚出生时，连医生都惊叹，很少见过这样的新生儿：长长的双腿，又宽又平的脑门，而且手脚都很大。他的体重足足有 10 斤，几乎比普通新生儿重了一倍！

姚明出生在一个篮球家庭，父亲和母亲曾经都是篮球运动员，但他们没有刻意鼓励姚明把篮球当作自己将来的事业，而是一直让他做自己喜欢的事情。此外，在学习上，父母对姚明也从来没有过高要求，而是以启发引导为主，重视他对自己兴趣爱好的培养。他们希望姚明能与其他孩子一样读书，长大了上大学、找工作，然后找到自己想要的生活方式。

在这样的家庭氛围下，姚明直到 9 岁的时候，才逐渐对篮球有

点兴趣，父亲就送他到一所少年体校接受篮球训练。刚进入体校，姚明身上就体现了训练认真的优点，他对篮球的悟性逐渐显现出来，加之他本来具有身高的巨大优势，他很快就从普通班被调到重点班，后来又从重点班调到尖子班。

12 岁的时候，姚明已经十分喜欢篮球运动了。于是，父母把他送到了上海体育学院，他在那儿每天都要在篮球场上练习几个小时。因为离家比较远，姚明开始住校，这使得他有更多的时间打篮球，他对篮球兴趣越来越浓厚了。14 岁的时候，姚明就进入了上海青年队，对篮球越发专注了，球技提高得很快，他 17 岁入选中国国家青年队。从职业联赛到奥运会，姚明全身心投入在训练和比赛中。

那时候，姚明崇拜的球员是阿瑞维达司·萨博尼斯、哈基姆·奥拉朱旺和查尔斯·巴克利。姚明坦言，他曾用“萨博尼斯”作为网名。在他的心目中，萨博尼斯是篮球中锋技术的教科书，简直拥有了所有位置球员该有的技术。姚明喜欢萨博尼斯打球的方式，即娴熟的运球，用不可思议的方式把球传给空位的队友，精准的中远距离投篮。每当姚明在场上时，他都会效仿他的偶像打球的方式。后来，姚明关注当时的休斯敦火箭队。这支球队以另一个敏捷的大个子哈基姆·奥拉朱旺为首，1994 和 1995 赛季连续两年赢得 NBA 总冠军。姚明迷上了这支球队，也非常崇拜奥拉朱旺。这些都使姚明对篮球更感兴趣，也使他打球的动力更足。通过 NBA 选秀，姚明终于登上了 NBA 的赛场，穿上休斯敦火箭队的队服，并成为主力队员，为火箭队取得好名次立下了汗马功劳。

姚明的敬业精神和爱国情操是出了名的。2002 年，火箭队与小牛队的比赛进行到第三节的时候，姚明的手指在激烈的争抢中被打出血了，他握着右手走到场外的队医身边。仅仅过了 1 分钟，姚明就重新回到了赛场。

2005 年的多哈亚锦赛中，中国队和黎巴嫩队的小组赛打得非常激烈。第二节比赛表开始不久，姚明的下巴被对方一名球员撞开了一个口子。姚明一边捂着下巴止血，一边坚持比赛，一直打完这一节，才找来一块创可贴包住，接着继续上场了。比赛结束后，姚明的下巴被缝了 4 针。姚明告诉医生，加上这次，他的下巴已经被缝过 66 针了！除了下巴，他的脚伤也非常严重，就连国家队队医也从没有见过姚明这样的“拚命三郎”。

姚明能成为中国新一代篮球巨星，除了身高的优势、精湛的球技之外，也是与他的顽强拼搏精神是分不开的。

男孩该懂得的道理

兴趣爱好对一个人的个性形成和发展，以及对一个人的事业和未来都会有重大影响。因为喜欢，就不会厌倦，才会更可能成功。古罗马诗人奥维德说过：“认识自己，找准自己的位置，是生命焕发光彩的前提。”只有找准人生前进的方向，才能聚集全身精力投入事业中，所以，想成为有出息的男孩应该明确自己喜欢什么，然后去追求什么，这样既能让自己的人生充满快乐，又可能品尝到了收获的喜悦。

知识放大点

拚命三郎，比喻打仗勇敢不怕死或干事竭尽全力的人。《水浒传》中的梁山好汉石秀，有一身好武艺，又爱打抱不平，外号“拚命三郎”。

成长金点子

如何培养自己的兴趣爱好

兴趣是智慧的火种，是求知的源泉，是成长的推动力。美国微软公司创始人比尔·盖茨因为选择了自己喜欢的计算机软件，创造出了软件应用上的奇迹，以至于他在选用人才的时候，曾经这样对求职者说：“如果你们仅仅是因为这里的薪水而来到这里，就算你有天大的本事，微软也不会留你。来这里上班的人，必须是对这个职业有着像火山爆发一样的热情。”爱好是成就事业的良好土壤，一个人能够做自己喜欢的事情，无疑是给事业和理想插上了飞翔的翅膀。

兴趣爱好不是天生就有的，很多时候它是环境影响和后天培养的结果。少年儿童时期，是培养良好兴趣爱好的重要时期。那么，该怎样来培养自己的兴趣爱好呢？

首先，热爱生活。丰富的生活是兴趣产生的土壤。一个人只有深入生活中，才会遇到许多感兴趣的事物，要使自己能够产生广泛的兴趣，应该有积极乐观的态度，热爱生活。

其次，保持好奇心。著名女科学家居里夫人说："好奇心是学者的第一美德。"好奇心是兴趣产生的基础，兴趣总是从好奇开始的。

再次，扬长避短。虽然兴趣爱好主要靠后天培养，但也离不开一定的客观条件，比如个人的素质，家庭、学校的条件，社会的需要等因素。在选择兴趣爱好时，要根据自己的各方面条件，使兴趣发挥出最大效能。

最后，参加实践活动。实践活动是培养和增强兴趣的基本途径。在实践中，获得新的知识会激发探求的欲望和兴趣，得到成功的体验会使兴趣更加浓厚。

"淘气鬼"的蜕变

☆★☆★☆

爱玩是孩子的天性，尤其对于男孩来说。一些益智类的游戏有助于男孩的智力发展，可以促进儿童非智力因素的发展，激发儿童的好奇心和求知欲，因而，成长中的男孩要正确看待，不必全部排斥，也不可沉溺于玩耍而荒废学业。如果把年少时旺盛的精力转移到未来的学业上一定能够有助于自己成才成长。

圣地亚哥·拉蒙·卡哈尔是西班牙神经学家，他对于大脑的微观结构研究是开创性的，因而被许多人认为是现代神经科学之父，他的著述至今仍然被世界医学界奉为经典。

然而，谁曾想到，卡哈尔小时候却是一个冥顽不化的“淘气鬼”。卡哈尔小时候十分叛逆，他的父亲是一位医师，能治好许多患者的病，却无法管教好自己的儿子。

卡哈尔 11 岁的时候，他为了向邻居的小孩“露一手”，用自制的“大炮”摧毁了邻居家的大门，因此受到了警方的监禁，他的父亲为此感到丢脸和生气。在他被警方拘留的 3 天里，

仁慈善良的母亲偷偷给他送饭。自从发生这件事之后，邻居和学校老师都把卡哈尔看作“顽童”。卡哈尔在学校里成为不受人待见的学生，因而转学。

在新的学校里，卡哈尔仍旧不断生事，他又成了老师不喜欢的学生。父母出于无奈，只好让卡哈尔去学一门手艺，打算通过学手艺让他收心，然后再去读书。

起初，卡哈尔在理发店里跟着师傅学理发，后来又到修鞋店里跟鞋匠学补鞋，这些手艺活儿他都学得不错，也没有发生其他事。一年后，父亲以为儿子变好了，就给卡哈尔另外联系了一所学校，想让他重新去上学。不料，卡哈尔去了几天，又悻然离校回家了。

此时，卡哈尔的父亲思来想去，决定由自己担负起教育儿子的责任，就让卡哈尔跟着他。卡哈尔的父亲是医师又是解剖学讲师，经常给学生讲授骨骼学。没有想到，这些奇特形状“骨头”的一下

子引发了卡哈尔的好奇心。

看着这些令常人毛骨悚然的东西，卡哈尔思维的闸门突然开启了，他向父亲提出一连串的问题，经常打破砂锅问到底，不弄明白不罢休。

从此，卡哈尔再没有那么淘气了，他把精力都用在了对人脑结构的思考上。在他父亲的指导下，卡哈尔开始了对脑神经的探索。17 岁时，他精心绘制了许多解剖学图谱。3 年之后，卡哈尔绘制的解剖图谱竟然达到当时出版的水平。

经过自己的努力，卡哈尔考上了萨拉戈萨大学医学院，从此走上了探求脑神经科学的道路。经过多年孜孜不倦的探索，他揭开了人脑神经结构的面纱，成为脑神经医学的开山鼻祖。卡哈尔 25 岁被聘为母校的首席解剖学教授，后来他在马德里又获得医学博士的学位，最终担任西班牙国家卫生研究所主任。1906 年瑞典卡罗琳斯卡医学院将诺贝尔医学和生理学奖授予在神经组织学领域做出重要贡献的卡哈尔和另外一位科学家。

男孩该懂得的道理

玩耍是儿童的天性。男孩调皮一点也无大碍，但不要过分贪玩以免影响学业，更不要惹出事端被警方监禁留下案底。作家沈从文说："征服自己的一切弱点，正是一个人伟大的起始。"随着年龄的增长，想做有出息的男孩要学会自我管理，把兴趣和精力慢慢转移到学习上，养成劳逸结合的良好习惯，切勿把宝贵的时间和旺盛的精力全部用在电脑游戏上。

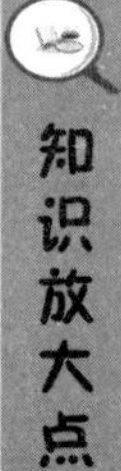

解剖学，是医学的基础学科之一，是了解人体结构的学科。古罗马时期，医学家盖伦把从动物身上得到的解剖知识应用到人体，因此有许多错误。16 世纪，医学家维萨里亲自解剖、观察人体构造，出版了《人体的构造》一书，标志着近代人体解剖学的诞生。

学会管好自己

爱玩是儿童的天性。成长中的少年儿童对自然界的人与事物充满好奇，他们对一些未知的现象进行尝试，因而是一种有益的探索活动。所以，善于玩的男孩显得聪明、乐观、朝气蓬勃、有幽默感、乐于与人交往、富于幻想等，但要把握好度，切勿过度贪玩，尤其在当下互联网时代，不宜花费过多时间交友聊天或者熬夜玩网络游戏。

哈佛大学经过长期的跟踪调查得出一个结论，许多成功人士都是善于自我管理的人，其中一些人在少年时期就能够自我约束，把兴趣和精力有意识地转移到未来的事业上。教育家苏霍姆林斯基说过："一个孩子如果从未品尝过学习劳动的欢乐，从未体验克服困难的骄傲——这是他的不幸。"我们的成功不在于学会多少知识，掌握多少本领，而在于是否能战胜自身的弱点。只有学会审视自己，克服自己性格中的弱点，才能获得成功。因此，想成为有出息的男孩，要学会自我管理，不宜过于贪玩，养成按时作息的良好习惯，把自己的青葱年华和无限潜能投入到学业中，使之承载着梦想的人生航船驶向远方。

难以相信的纪录

☆★☆★☆

美国第31任总统富兰克林·罗斯福曾经说过："杰出的人不是那些天赋很高的人，而是那些把自己的潜能尽可能发挥到最高限度的人。"人的潜能犹如一个等待开发的金矿，然而研究成果表明，大多数人在一生中，仅仅运用开发了自己潜能极少的一部分，即便像爱迪生、爱因斯坦这样伟大的人物，他们终其一生开发的潜能也只有三分之一左右。因此，只要将自己的潜能发挥到极致，任何人都可以成就一番事业。著名的橄榄球运动员汤姆·邓普西就是这样的人。

邓普西生下来的时候，左脚只有半只，并给了他一只畸形的右手。但是，他的父母从不让他因为自己身体有残疾而感到不安，结果他能做到任何健全男孩所能做的事，甚至比他们做得更要好。

童年的时候，汤姆对打橄榄球产生了浓厚的兴趣。他发现，自

己能把橄榄球踢得比其他男孩还要远，他因此感觉很是自豪，深深地爱上了这项运动，并暗下决心要将橄榄球运动作为自己一生的职业。

因为自己特殊的身体条件，汤姆请人专门为他设计了一只鞋子，经过踢球测验，他通过了球队的考核，并且得到了一份合约。教练却婉转地告诉他，说他不具备做职业橄榄球员的条件，暗示他去试一试其他行业。但是，教练的提醒并没有打消汤姆参加职业比赛的想法。最后，汤姆申请加入新奥尔良圣徒球队，并且请求教练给他一次机会。教练虽然心存疑虑，看到他这么自信，便对他有了好感，就收下了汤姆。

两星期之后，教练对汤姆的好感逐渐加深了，因为他在一次友谊赛中为本队得了分。终于，汤姆一生中最伟大的时刻到来了。那一天，球场上坐了 6 万多名球迷。比赛只剩下几秒钟了。这时，球队把球推进到 45 码线上。“汤姆，进场踢球！”教练大声说。

汤姆进场时，他知道他的球队距离得分线大约有 55 码，那是由巴第摩尔雄马队毕特　瑞奇踢出来的。那个球传接得很好，汤姆一脚全力踢在橄榄球上，橄榄球笔直在前进。但是，这个球踢得够远吗？能够顺利得分吗？现场瞬间安静下来，全场球迷屏气观看。最终，橄榄球在球门横杆之上几英寸的地方越过，接着终端得分线上的裁判举起了双手，表示得了 3 分，汤姆的球队最终以 19 比 17 获胜。球迷狂呼，为踢得最远的一球而兴奋，因为这是只有半只左脚和一只畸形的右手的球员踢出来的！

“真令人难以相信！”有人感叹道，然而，汤姆只是微笑。后来，有人采访汤姆，问他是如何做到这样成功的，他说："我之所以能创造这么了不起的纪录，是因为我的父母从来没有告诉过我，我有什么不能做的；同时，我也坚信自己对橄榄球的兴趣和热爱，以及我身体里无限的潜能，足以让我成就任何我想做的事情！"

男孩该懂得的道理

世界著名潜能大师安东尼·罗宾说，任何成功者都不是天生的，成功者之所以成功，其根本原因就在于，他充分发挥了自身的潜能。只有半只左脚和一只畸形右手的汤姆·邓普西的成功充分说明，人的兴趣是打开潜能的钥匙，潜能可以让生命爆发出前所未有的能量，创造出令人惊奇的成绩。

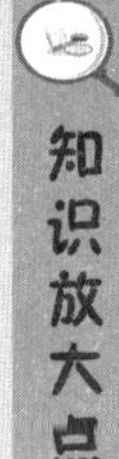

橄榄球，是一种球类运动项目，盛行于英国、美国、加拿大、澳大利亚、新西兰、日本等国家。1823 年起源于英国拉格比，原名拉格比足球，简称拉格比。因其球形似橄榄，在中国称为橄榄球。

成长金点子

善于发掘自己的潜能

发明家爱迪生说："如果我们能做出所有能做的事情，我们毫无疑问地会使自己大吃一惊。"实践证明，每个儿童生下来就被赋予很强的可塑性。少年儿童时期是人生成长过程中接受知识最快、智力发展最迅速的时期之一，因而要善于发掘自己的潜能，促进自己的成才和成长。

首先，用兴趣引导潜能。著名教育家苏霍姆林斯基说过："所有的智力活动都依赖于兴趣。"开发自己的潜能有多种途径。对少年儿童来说，自制能力还不是很强，做事的方向和目标经常会随着兴趣发生改变，因此要培养兴趣，进而发掘自己的潜能，这是最有效的途径。

其次，选准突破点。每个人都有无限的潜能。人的潜能是多方面的，不需要对每一种潜能都投入相同的时间和精力去发掘，否则不仅会分散精力，而且也不现实。所以要根据自己的天赋、优势等条件，选准一种潜能进行发掘，这样才能使潜能得到进一步的发挥。

最后，承受适当的压力。人往往都有惰性，只有在一定的压力下，才能最大限度地发掘自身的潜能，才能把潜能发挥到极致。

第六章

只有付出辛勤的汗水，将来的你才能遇见美好的自己

每一只蝴蝶的绚烂是因为怀揣春天的梦想，华丽的蜕变都经受过破茧的痛苦。我们不要只看到成功面前的鲜花和喝彩，也要看到成功背后的艰辛和汗水；不要感叹别人的幸运，也不要哀叹自己的背时。每一个男孩心中都有梦想，不怕你每天只迈出一小步，就怕你因为遥远而止步不前。古人云，天道酬勤。一分耕耘，一分收获。只有辛勤的汗水，才可能浇灌出丰收的喜悦。

聊出来的大事业

☆★☆★☆

谁曾想过，一个软件会成为数亿用户的交流工具？腾讯旗下的QQ和微信做到了！腾讯庞大的市值、微信的用户数量及其在金融方面的突出表现，其创始人马化腾成为最具影响力的商界领袖之一。很多人不知道，腾讯在创业之初曾因为资金差点夭折，作为其领军人物，马化腾靠坚持度过难关，成就了如今的事业。

马化腾1971年生于广东汕头，上面有个姐姐。童年时，马化腾的父母在东方县工作，海南建省后划归海南省。1984年，正在上初二的马化腾随着家人从海南迁到深圳。他那时喜欢天文，但毕竟与现实生活遥远。此后，电脑开始出现人们的视野中，马化腾对电脑产生了兴趣。

高中毕业后，马化腾考入深圳大学读计算机专业。在大学期间，他的计算机水准令老师和同学刮目相看，他既是各种病毒的“克星”，也会为学校的计算机系统提供维护方案，同时又经常干一些将硬盘锁住的恶作剧，让学校机房管理员哭笑不得。

1993年大学毕业后，马化腾进入深圳一家通讯公司，开始做软件工程师。工作之余，他最大的爱好就是上网，由此结识了很多

“网虫”朋友。1996年以色列人开发出一种即时沟通软件ICQ。1997年，马化腾第一次接触ICQ，就便被其无穷的魅力所吸引，他立即就注册了一个号。可是，使用了一段时间，他觉得英文界面的ICQ在中文用户中想推广开来不是一件容易的事。他就想做一个类似于ICQ的中文版本工具。1998年11月，马化腾与人合作注册了公司，这就是腾讯公司的雏形。

当初，公司运作的全部资本就是几个创始人的积蓄，几个人每天在一起吃午饭或晚饭，用这个时间来沟通，他们想将寻呼与网络联系起来，开发无线网络寻呼系统，主要业务是为当地的通讯公司和寻呼台做项目。为了维持公司运转，与网络有关的业务他们都敢承接，如做网页、做系统集成、做程序设计等。当时在深圳像这样的公司有上百家。为了一个项目，几个创始人经常一起出动，还要时刻避免露出马脚。为了给客户留下公司有实力的印象，马化腾的名片上从来不印“总经理”，只带“工程师”头衔。

与其他创业的互联网公司一样，资金和技术是腾讯面临的最大问题。1999年初，腾讯开发出第一个中文版的ICQ软件，即腾讯QQ。当初觉得别人在互联网上可以找到你，这个软件肯定有用，于是就做出来了。QQ做出了之后，他们看不到赚钱模式，就想着做完卖掉，大量开发软件。维护QQ需要资金，又要在网上推广，开始没人聊天，马化腾自己陪人聊，有时候他还要换个头像，假扮成女孩，营造聊天社区里很热闹的场景。起初很多人看不上QQ，一边用一边嘟囔着：“这破软件，要不是上面美眉多，我才不用呢。”马化腾为了省钱到处去蹭服务器，还到各大高校网站聊天室里去

“灌水”。

随着QQ用户不断增加，公司的经费却逐日减少。公司运营一年后，账上只有1万多元。马化腾感觉时间过得特别快，稍微一眨眼，一个月就过去了，意味着又要给员工发工资了。马化腾想让大公司投资，来到当时在业界数一数二的大公司，结果连融资报告都没有递到总裁手上，下面人就说看不太懂把他打发走了。

在马化腾为资金而犯难的时候，他想把QQ卖给广东省一家国有电讯公司，他们出价100万元，对方还价60万元，双方也没有谈拢。他又找到当时国内著名的两家门户网站，结果人家都没有看上眼。QQ卖不掉，用户增长却很快，运营所需的投入越来越大，马化腾只好四处去筹钱。

1999年下半年，从美国到中国，互联网被炒得很热，受同行在海外融资的启发，马化腾拿着改了6个版本、20多页的商业计划书，开始寻找国外风险投资。2000年初，两家公司一起壮着胆子投资了腾讯。在奔波几个月后，马化腾终于为公司弄到了200万美金的“救命钱”。在融资过程中，马化腾做了两次腰椎手术。第二次手术后，他是平躺在床上，高举着手提电脑办公的，病痛丝毫没有动摇他的意志。他后来曾说：“只要去做，没有什么事情是不可能的。在创业期间不幸的东西挺多的，就是自己要去扛，自己想办法。”

此后，只用了一年多，腾讯就拥有了逼近亿级的注册用户量，马化腾却苦于没有收费渠道。2000年底中国移动推出“移动梦网”，实行手机代收费分成。腾讯开始做短信，2001年底实现了千万元纯利。2003年开始，腾讯先后进入门户、电子商务、在线游戏、搜索等多个领域。2004 年 QQ 总注册用户数超过 3 亿人，改变了数亿人的沟通习惯，创造了一种网络时代的文化，引领出了一种新的营利模式。后来，腾讯开发的微信软件和微信支付使公司得以迅速壮大，成为业界举足轻重的超大企业。

男孩该懂得的道理

提到马化腾的成功，有人说他是运气好，还有人说他专注于产品研发。马化腾曾说自己的成功有一定运气，但他的成功并不是一帆风顺的，起初看不到盈利的方式，融资频频遭遇碰壁。如果没有创业的激情，如果没有坚持的精神，就不会成就今天的辉煌。

知识放大点

微信支付，安装微信软件的用户，可以通过智能手机完成快速的支付流程。前提是微信钱包有余额，或者绑定银行卡。这是一项安全、快捷、高效的支付服务方式。

成功前最需要的是坚持

在通往成功的道路上，遭遇困难和挫折是再平常不过的事情了，几乎没有轻轻松松就成功的例子。所以，在成功前最需要的就是坚持。也许在坚持中，有可能发现新的机会，就像腾讯后来找到盈利模式渡过难关一样，或者是自己在坚持中，找到了战胜困难的方法和途径。温室里的花朵，经不住风吹雨打，人生也是如此。熬过长夜的人，才能看到黎明的曙光；坚持到最后的人，才有可能戴上成功的花环。

“神童”并不神

☆★☆★☆

提到斯诺克台球高手，人们自然会想到丁俊晖，他 13 岁获得亚洲邀请赛季军，从此台球“神童”的称号不胫而走。有人认为他有天分，事实上并非如此。

丁俊晖 1987 年生于江苏宜兴市，父母曾是从事副食品生意的个体户。他的父亲爱好台球。8岁的时候，丁俊晖就开始接触台球，当时他家楼下有一个小卖店，里面有两张台球桌。他开始只是看大人们打台球，不知道这叫什么运动项目，也看不懂规则，只知道要把球打进球袋里，感觉挺好玩的。后来，他忍不住也想试一试，旁边有一个坏球桌，他就在那里自个儿打着玩。不过，他真正走上斯诺克台球道路则缘于一次偶然的经历。

在小学三年级的暑假期间，丁俊晖在台球房玩耍，他父亲与当地一位台球好手打球，在父亲上厕所的间隙，丁俊晖在其他人的怂恿下，替父亲打了几杆球，竟然出人意料地赢了对手。这位朋友告诉他父亲说，丁俊晖对球的感觉特别好，可以培养一下看看怎么样。父亲听了朋友的建议，就把丁俊晖带到正规的台球俱乐部，在那里他开始接触斯诺克。俱乐部的球台比较正规，丁俊晖那时年幼，他基本上是踮着脚才能打球。

为了保证丁俊晖的训练，他父亲顶着家庭和社会的压力，要求丁俊晖就读的学校允许让他只修语文和数学，半天学习半天训练。丁俊晖10岁的时候，他父亲希望给丁俊晖创造更好的训练环境，便放弃了原来的生意，在宜兴开了一家台球房，假期里还送丁俊晖到上海接受斯诺克专业训练。

当时，内地斯诺克台球最大的影响来自于香港，从香港影响到广东，再从广东慢慢地扩展到各地。国内斯诺克好手基本上都去广东参加比赛，那边练球氛围是最好的。1998年底，为了丁俊晖在台球事业上的发展，举家迁往广东东莞。那时全家人的吃住条件都不好，但只要有一张台球桌、一根球杆和一副球，丁俊晖就感觉很满

足很快乐。

刚到广东的时候，丁俊晖一边上学一边训练，由于参加比赛落了很多课程，母亲经常给他请假，老师却希望他直接退学，于是丁俊晖跟父亲说，他不想上学了，想把所有时间和精力投入到台球上，父亲沉默了许久最终同意了。这就意味着他放弃了其他选择，必须坚定地走好台球事业这条路。压力就是动力。第二天早上，父亲就直接拉着丁俊晖去台球房里训练，对他的要求更加严格了。父亲盯着丁俊晖打的每一个球，不允许再有任何一个错误，如果儿子有一点打得不对的地方，他就在那里跟儿子纠结。在那几年里，丁俊晖没日没夜地训练，一天训练时间都在 12 个小时以上，除了吃饭睡觉就是训练。在丁俊晖童年的记忆里，他的精力完全在台球上。那段时间也是丁家生活最为拮据的时期，最后父母把老家宜兴的房子变卖了供丁俊晖继续打球。

功夫不负有心人。2002 年，年仅 15 岁的丁俊晖为中国夺得第一个亚洲锦标赛冠军，成为最年轻的亚洲冠军，此后他又获得世界青年斯诺克锦标赛冠军，成为中国第一个台球世界冠军，并在亚运会上获得斯诺克台球单打冠军，改写了中国在亚运会台球项目上没有金牌的历史，当年中国台球协会向丁俊晖颁发了“中国台球特别贡献奖”。

2003 年 9 月他转为职业选手，虽然他在大赛中多次问鼎冠军，但也有不顺的时候，一度让他感觉迷茫。有时在国外训练效果不理想，以至于在比赛中，因为自己一个简单的失误，就把机会让给了对手，这时他坐在一边看对手打球，内心不情愿也十分懊恼。慢慢地，丁俊晖调整好了心态，在比赛间隙更加严格地训练，终于走出了事业上的低谷，成为了斯诺克台球上的顶尖高手。

男孩该懂得的道理

人生就像一场比赛，只有勤奋才能获胜。许多人觉得丁俊晖是台球天才，但丁俊晖觉得他是一个努力的天才。他当初长年累月训练，以至于缺失了一般男孩所享有的快乐，才换来了日后事业上的飞跃。一个人在为了理想努力，就要专注地去做一件事情，就会失去很多别的东西。

知识放大点

斯诺克，是台球运动项目，共22个球。击球顺序为一个红球、一个彩球，直到红球全部落袋，然后以黄、绿、咖啡、蓝、粉红、黑的顺序逐个击球，最后以得分高者为胜。盛行于英国、爱尔兰、加拿大、澳大利亚和印度等英联邦国家。

没有不努力的天才

发明家爱迪生说："天才是百分之九十九的汗水加百分之一的灵感。"历史上的那些伟人，哪个一生下来就是天才？没有。著名科学家牛顿，小时候被老师和同学称为"笨蛋"，他的成就完全离不开后天的努力。著名科学家爱因斯坦，小时候也被认为接受能力差，跟不上学校的课程，被老师劝回家跟父母学，相对论就是他后来在"大脑实验室"完成的。

发现元素周期表的俄国化学家门捷列夫说："终生努力，便成天才。"伟人的成就源于勤奋和坚持。世界上没有轻轻松松得来的成功，正如歌中所唱的那样，不经风雨怎见彩虹。

第一笔订单

☆★☆★☆

说到香港实业界富豪，人们自然会想到李嘉诚。李嘉诚白手起家，他的财富是靠自己努力打拼得来的，他所控有的商业王国市值达数千亿港元，他被誉为“香港超人”。

1928 年李嘉诚出生于广东省潮安县府城的一个书香世家。他是家里的长子，下面还有两个弟弟一个妹妹。1937 年家境每况愈下，父亲到临近一所小学当校长以教育为生。1940 年日军侵占潮州，父亲教育救国的理想破灭，李嘉诚求学的梦想也被打碎了。为逃避战祸，少年李嘉诚跟随父母迁徙香港。到香港 3 年后，父亲因肺病去世，生活的艰辛迫使不到 15 岁的李嘉诚辍学求职，他到一家茶楼打工，担起了照料母亲、抚养弟妹的重担。

十几岁正是求知若渴的年龄，李嘉诚太想读书了，贫寒的家境让他买旧书自学的愿望都不容易实现。在茶楼打工的时候，他经常利用短暂的间隙默读英语单词。由于担心遭到茶客的耻笑和老板的训斥，他总是靠着墙角迅速掏出卡片看一眼，然后在心里默记。

李嘉诚深知养家糊口比读书更迫切，他始终不敢忘记父亲临终前对自己的要求：“学做香港人。”若要在香港立足，就必须学会香

港的民间语言和官方语言英语。这样才能立足香港社会，直接从事国际交流，于是他每天工作十几个小时后，仍然坚持自学。不久，李嘉诚辞去茶楼的工作去了一家工厂，两年后硝烟纷飞的战争终于结束了。

有一天，工厂老板着急发信，不巧文书请病假，老板就问员工："哪个人会写信，字写得好一点？"

四五个职员指着李嘉诚："叫他写，他每天都念书写字。"

老板望向这个未满 17 岁的孩子，疑惑地问："你真的懂吗？"

"我可以试试。"李嘉诚当场动手写了好几封信。信发出后，老板的朋友赞不绝口，纷纷问他："你这位先生是什么时候请的？比原来的要好。"这件事让老板对李嘉诚另眼相待，很快把他从做杂活的小工调至货仓做管理员。李嘉诚渐渐学会了对商品的初步管理，产生了自己创业的想法。

上世纪 50 年代，世界进入了经济繁荣时代，人们的消费观念发生了变化，精神消费成为一种时尚，许多人用塑胶花做室内外装饰美化生活。李嘉诚敏锐地觉察到生产塑胶花将有利可图。这个时候，他听说意大利已生产出塑胶花，并且十分畅销，于是立即飞赴意大利制花现场考察，了解了制模、调色、配枝等技艺，并买回当时畅销的绣球花做样品。就在这一年，李嘉诚把他的"长江塑胶厂"改名为"长江工业有限公司"，扩大了厂房，集中资金和技术力量做塑胶花。不久，他生产出来的塑胶花上市了，远比欧洲制品物美价廉，产品迅速打开了销路。同时他取得了许多外商的订货合同，一时间出现了供不应求的喜人局面。

但因资金有限，扩大再生产一时难以实现，在李嘉诚伤透脑筋之时，一个意想不到的机遇来到他的面前。一位欧洲批发商来看样品，并对长江公司的塑胶花样品赞不绝口，然而参观长江公司的工厂时，看到的是简陋的厂房，外商对能在简陋的工厂制作出漂亮的塑胶花感到惊奇。这位外商快人快语："你们的塑胶花品质不错，价格不到欧洲产品的一半，我要大量订购。但你们现在的规模满足不了我的数量。"对方知道李嘉诚遇到资金问题，提出可以先签订合同，条件是李嘉诚必须有实力雄厚的公司或个人担保。李嘉诚竭尽努力，也没有找到担保人。

只要有一线希望，就要全力争取，这是李嘉诚的性格。他和设计师连夜赶出 9 款样品，期望能以样品打动外商。当他把样品送给外商时，外商的目光落在李嘉诚熬得通红的双眼上，猜想这个年轻人大概通宵未眠。他不仅满意这些样品，而且欣赏眼前这个年轻人的办事效率。此前，外商只流露出想订购 3 种产品的意向，结果李嘉诚每一种产品都设计了 3 款样品。最终，李嘉诚的诚恳打动了外商，双方签订了第一单购销合同。这笔生意成为李嘉诚事业的起点，也是他迈向成功的第一步。

男孩该懂得的道理

俗话说，万丈高楼平地起。李嘉诚的财富也是靠勤奋和智慧换来的，尤其是在他起步阶段，正是因为他连夜制作出 9 种塑胶花样

品，才赢得了与外商的订单。所以，不要幻想一步登天，也不要自怨自艾，脚踏实地，勤奋努力，一步一个脚印向前走，就会领略独特的风景。学习如此，人生亦如此。

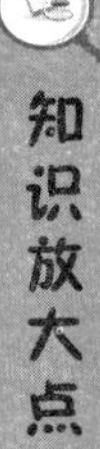

市值，是指一家上市公司的发行股份按市场价格计算出来的股票总价值。计算方法是每股股票的市场价格乘以发行总股数。

成长金点子

养成勤奋的习惯

第一，记住天道酬勤。世界是公平的，上天会按照每个人付出的多少给予相应的回报。只要你付出了足够的努力，就算现在没有看到直接的收益，将来一定会得到相应的回报。所以要珍惜现在的宝贵时间，努力学习科学文化知识。

第二，今日事今日毕，明天还有明天的事。正所谓“明日复明日，明日何其多，我生待明日，万事成蹉跎”。每个人生阶段都有相应的责任和义务，男孩作为一名学生，任务就是勤奋学习，为将来的人生道路打好牢固的根基。如果现在不努力，什么时候再努力呢？一旦走入社会，“书到用时方恨少”，想再努力学习知识了，学习的机会和时间反而更少了。

第三，先天不足后天补。俗话说“笨鸟先飞早入林，笨人勤学早成材”，“先天不足，后天补”。如果你觉得自己不是太聪明，不像有些人一看就懂、一学就会，那就更需要比别人勤奋努力了。

卡森的故事

☆★☆★☆

本·卡森是美国著名的神经外科医生和保守派领袖。他在2014年11月宣布竞选总统，曾是特朗普在获得共和党提名时的竞争对手。2016年3月他宣布退出竞选转而支持特朗普。2017年3月任美国住房和城市发展部部长。卡森被美国国会图书馆评为美国活着的传奇人物之一，在他成长的背后有哪些值得分享的故事呢？

卡森1951年出生在底特律，在他8岁的时候父母离异，生活陷入贫困，他的生活状况和美国当时贫困黑人儿童一样。母亲带着他和弟弟生活在底特律一间狭窄的小房子里。母亲只上过三年级，为了维持好这个家，她在两户人家当保姆，非常辛苦。自他记事起，那个简陋的小家就收拾得很干净，桌子上总摆着食物。

1961年，卡森上五年级，学习成绩非常糟糕。一张试卷25道题，不少同学都能得满分，他却只会一两道，成绩一直在“F”和“G”之间徘徊。在同学们眼里，卡森是一个“大笨蛋”，老师也觉得他的智力有问题。尽管如此，卡森从来不在乎，只是认为自己天生较笨而已。

卡森每天在课堂上心不在焉，熬到放学后，就跑去踢球或用气枪打老鼠，玩得不亦乐乎。母亲晚上守着电视机打毛衣，他和弟弟对那些无聊的“肥皂剧”也看得津津有味。他觉得无论干什么都比学习更有意思。

有一天，母亲很晚才回来，卡森和弟弟依然守在电视机旁。她看到了他那张“F”的成绩单，一改往日的温和性格，“啪”的一声关掉了电视机说：“以后你们每周只能看一次电视，并且只能看那档知识竞赛节目，其余时间必须看两本书，还要交两篇读书报告。”母亲的口气异常严厉，卡森从来没有见她发过这么大的脾气。

后来，卡森和弟弟一齐发牢骚，抱怨不公平，但无济于事。每天放学后，母亲都会用那辆几乎报废的老汽车“押”他们直接去图书馆。面对母亲的责罚，卡森和弟弟无路可“逃”，只能乖乖地去图书馆看书。

卡森喜爱动物，找了很多与动物有关的书翻看起来。有一本书的内容讲的是海狸生活、建水坝的情节，这是他有生以来第一次迷上了另一个世界。在书中，他观赏了森林里寒冷的溪流和“建房子”的那些动物，没有哪个电视节目能令人忘记周围的一切。他觉得读书和看电视很不同，图像会自动浮现在脑海中，而不是在眼前，翻翻书页就可以重新看到图像，这种感觉很奇妙。

很快，卡森喜欢上了这个与他们往常截然不同的地方。在图书馆里，他发现了恐龙，发现了爬行动物与哺乳动物的差别，还发现了自己的优点：从文字中接收的信息更多，而且更快。

有一天，自然课老师在课堂上拿着一块石头问大家是什么。课

堂上安静极了，根本就没有人回答，就连平时成绩最好的孩子都抿着嘴唇一言不发。这时，卡森忽然举起了手。因为他在图书馆看书的时候，在一本画册上看到过那种石头。“那是黑曜石！”他还讲出了这种石头的特性、由来和用途。当时老师和同学们都惊呆了！

这件事成了卡森人生中的一个转折点。从那天开始，给其他同学“答疑解惑”成了他的兴趣。他对打老鼠、看肥皂剧再没了兴趣，而是一门心思地钻进了图书馆，如饥似渴地阅读、广泛涉猎。他的学习成绩也上升到了“A”。

不知不觉中，卡森成了同学们心里“答案”的代名词，一旦班上出现什么新鲜而难解的问题，他就会把正确答案告诉大家，其他同学在遇到不懂的问题也会主动问他。卡森从七年级住校，开始发奋学习，在每次考试中名列前茅，高中毕业时成绩优异，他申请到了耶鲁大学医学院的全额奖学金。

卡森在耶鲁大学获得了心理学学位，随后又考进密歇根大学医学院，毕业后他选择卡森成为一名儿童脑外神经科医生，也是世界著名医院的第一位黑人医生。在工作岗位上，他用母亲教育自己的经历激励自己不断进步，很快成为业务骨干，1982 年成为约翰·霍普金斯大学神经外科总住院医师。在随后的日子里，他和手术团队因为卓越的连体婴儿分离手术而受到世界的关注。这个手术让卡森得到极大的赞誉。

在脑手术领域取得极大成功后，卡森将目光投到了公共事业上来。20 年来，他与妻子一直经营着一个全国性的慈善机构——卡森学者基金，为有志于服务社区的优秀学生提供大学奖学金，并资助缺少图书馆的小学设立阅览室。卡森还把自己的经历写成了励志畅销书。他的传记电视电影《恩赐妙手——卡森的故事》在美国上映，激励了亿万人。

男孩该懂得的道理

卡森说："如果不是五年级那天母亲突然关掉电视机，每天用那辆旧汽车把我'押送'到图书馆，或许我会一直认为我是最笨的孩子，接受碌碌无为的一生。"生活中，有的男孩沉迷网络游戏，也有的放学回家后长时间看"肥皂剧"，以至于耽误写作业，久而久之消磨了学习的热情，浪费了宝贵的时间。做有出息的男孩，就必须努力学习。

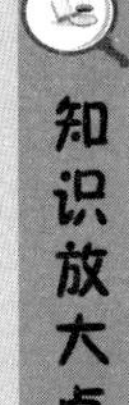

知识放大点

黑曜石，是一种自然形成的黑色宝石，通常以黑色为主，也有红、蓝、绿等多种颜色，可加工成工艺品。它主要分布在曾有火山活动的地区。

男孩要有不服输的精神

有这样一句西方谚语："有坚强的意志，才有伟大的生活。"坚定的信念，能使平凡的人做出惊人的事业。完成一项伟大的事业不在于体力，而在于坚忍不拔的毅力。我们的生活就像海洋，只有那些意志坚强的人，才能到达理想的彼岸。

成才和成功的道路往往充满了挫折，都是需要经历攀爬的过程，因而需要我们不断努力，付出热情和汗水。一个男孩只有经过一番努力，才会有所成就。不放弃是一种毅力，不服输是一种精神。想做有出息的男孩就要不服输的精神，勇敢地面对生活中的各种挫折，锲而不舍，始终朝着人生的理想奋进。

第七章

知识是成长的阶梯，才能是改变命运的法宝

在知识经济时代，科学技术是第一生产力。社会需要知识广博的人，大学则为这些成功人士掌握专业知识和技能提供了极大便利，因而考学是青少年通向成功的重要途径。要想成为有出息的男孩，少走弯路，就必须为自己树立目标，坚定信心，努力学习，最终考进理想的大学，让知识改变命运。

用知识为航母建设助力

☆★☆★☆

近年来，许多军事爱好者猜测，我国自行研制的航母会不会使用电磁弹射技术。这一疑问在 2017 年 1 月揭晓了：中国工程院马伟明院士在 CCTV“年度科技盛典”节目中透露，中国正在研制的 003 型航母确定无疑将使用电磁弹射技术。

马伟明是何许人也？他怎么有这么大底气。了解他的人知道，马伟明曾荣膺国家科技进步一等奖、“中国发明创业奖”特等奖、“军队专业技术重大贡献奖”、“优秀科技青年创业奖”、“求是杰出青年实用工程奖”、“何梁何利奖”；获授全国十大“杰出专业技术人才”、“国家有突出贡献的中青年专家”和“当代发明家”等荣誉称号，41 岁当选中国工程院院士，42 岁晋升海军少将军衔，被网友称为“国宝级”青年科学家。

马伟明 1960 年出生于江苏省扬中市一个四面环水的小岛上，小时候身体不好，内心却是好强争胜，从小学到初中，他在学校的学业成绩榜单上一直名列前茅。为激励他刻苦求学，奶奶曾教诲他：“学而优则仕”“书中自有黄金屋，书中自有颜如玉”“吃得苦中苦，方为人上人”。对于奶奶所期许的“仕途”“黄金”“玉颜”“人上人”，马伟明虽无兴致，但他发现读书能给他带来乐趣。似乎除了学习，他再难找到使自己快乐和愉悦的事。

初中毕业后，父亲强令儿子休学。理由是再读两年高中也得上山下乡，不如及早学一门手艺；二是母亲常年卧病在床，兄弟姐妹5人全靠父亲一人难以支撑。父命难违，已经考上高中的马伟明拜师学起了无线电修理。这时，马伟明的数学老师闻讯急了，亲自登门给马伟明的父亲做工作，这才使马伟明得以重返学校继续学业。

1978年，高中毕业的马伟明恰逢其时，迎来了恢复后的第二届高考。他压根就没想当兵上军校，又是当县交通局局长的父亲自作主张，替他填报了海军工程大学。高考揭榜，马伟明被海军工程大学电气工程系录取，既上大学又参军，可谓双喜临门。手捧大红录取通知书，父亲的兴奋之情溢于言表，可是马伟明对即将开始的军校生活充满疑虑。

不过，小马仍然倔强不过老马。父亲洞悉儿子的“活思想”，也不容他多想，就径直将其押送到了江城武汉读书。临别前，父亲告诉儿子：“你这种倔巴性格，在军校里磨砺磨砺，有好处。”但马伟明却难以适应军校模式化的生活。他崇尚个性化的思想，习惯个性化的学习，追求个性化的生活。为此，在好长一段时间想，他都想当“逃兵”。直至大学本科毕业，虽然他的学业成绩一直名列本专业前三名，但他依然忘不掉想冲出“围城”的念头。他曾想通过报考研究生，卸掉身上的肥大军装。然而他所设想的这条根本走不通：上级明文规定，应届毕业生不得报考地方大学的研究生。万般无奈，马伟明只得报考本校的研究生。然而，由于招生名额限制，成绩名

列前茅的他，最终却被淘汰出局。

马伟明被分配到海军一所工程技术院校工作。两年的折腾消磨，让他突然想起母校的好来，他觉得论学术研究环境氛围，母校略胜一筹。若要实现自己的理想，必须打道回府。1985 年 9 月他重返母校攻读研究生；1989 年，恩师通过校方将他从训练部电子技术教研室调回本系舰船电工基础教研室，为他找到了一个最佳舞台。从此，马伟明接过恩师肩上的科研重担，并借助这个舞台，演绎出辉煌的人生之路。

1995 年，马伟明研制成功我国乃至世界第一台双绕组交直流发电机系统，获得国家发明专利。这项发明无论是在国防领域，还是在民用市场，都有着巨大的应用价值和显著的经济效益。

1999 年 10 月，马伟明主持研制的 12 相发电机整流系统，通过国家级鉴定，来自国家机关军委总部机关和全国电力电子界的近 200 名部长、将军、院士、博导、教授和高工，共同庆贺这一具有国际领先水平的高科技成果的诞生。来自试验现场的对比测试结果表明，各项性能指标全部优于同类设备。当鉴定委员会主任宣布这一振奋人心的喜讯时，会场响起了雷鸣般的掌声。

围绕舰船电力工程这个总方向，马伟明提出了很多创新理论，形成了一系列创新技术。诸如电力集成理论、独立电力系统电磁兼容、综合电力系统、智能化战舰等，从思想概念的形成，再核心技术的突破，在到学科体系的创立与完善，他以百米冲刺的加速度成功登上一个又一个现代前沿科学的高地。在中国工程院的科学讲坛上，在国际国内高端学术峰会上，他的创新理论与领先技术一次又一次为他赢得赞誉与喝彩。

男孩该懂得的道理

稍有历史知识的人都懂得，落后就会挨打。国家必须掌握先进的科学技术，否则就会受制于人；军队必须拥有现代化的武器装备，否则就会在战时陷入被动的境地。想做一个有出息的男孩，立志为中华民族的伟大复兴贡献自己的力量，并实现自己的人生梦想，就必须努力学习，掌握先进的科学技术知识，否则就会变成空谈。

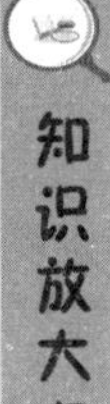

电磁弹射，是采用电磁的能量来推动被弹射的物体向外运动。它主要应用范围是大载荷的短程加速，在军事上比较典型的是航空母舰上的舰载飞机起飞弹射。2013 年全球第一艘装备电磁弹射技术的美军福特号航母下水。中国新一代航空母舰的起降技术可能将会使用电磁弹射技术。

成长金点子

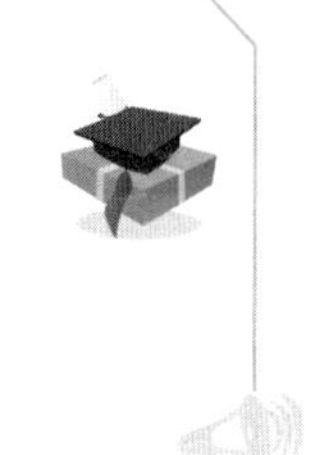

书籍是知识的来源

英国剧作家莎士比亚说："书籍是全世界的营养品，生活里没有书籍，就好像没有阳光；智慧里没有书籍，就好像鸟儿没有翅膀。"书籍是知识的来源，是知识的海洋，人们曾经用许多美丽的词句来赞美知识。

放眼世界，纵观古今，许多杰出人物在书中受到启发和激励，在知识的海洋中找到了打开成功大门的钥匙。男孩想要让自己学识变得更加渊博，头脑更加聪明，将来有出息，成为对国家对社会有用的人，并且能够实现自己的人生梦想，最好的办法就是多读书，不断充实自己，这样会使自己飞往梦想的翅膀变得更加坚硬。

知识创造财富

☆★☆★☆

上世纪90年代末，比尔·盖茨成为中国年轻人的新偶像。1997年，丁磊在广州创办网易，是国内互联网最早的门户网站之一，丁磊也因此成为信息时代知识创造财富的标志性人物。

丁磊1971年出生在浙江宁波市的一个知识分子家庭，从小喜欢无线电。1986年，当时只有15岁在丁磊靠着平时学到的无线电知识，自己买来了电子元器件，组装了一台六管收音机。

高中毕业后，他考入电子科技大学。在大学期间，他经常到图书馆翻阅外文科技图书，尤其是计算机方面的书籍；大四上学期组织了一个电磁场CI软件成果展示；大学最后一学期，他开始在计算机公司兼任工程师，接触计算机操作系统和互联网新设备。

1993年，丁磊大学毕业后回到家乡，在宁波市电信局工作。在电信局旱涝保收，待遇很不错，但他感到一种难尽其才的苦恼。1994年，丁磊第一次登录互联网，就被互联网的新技术吸引。1995年，丁磊从电信局辞职，遭到家人的强烈反对，但他去意已定，揣着几千块钱来到广州，这里的电脑城一片欣欣向荣，很多年轻人都在寻找创业机会。

凭着耐心和技术实力，丁磊终于安定下来。1995年5月，他进入一家外企工作。最初的日子是艰难的。工作一年后，丁磊选择"跳槽"，萌发了和别人一起创立一家与互联网相关公司的念头。当时，他已熟练地使用因特网，而且成为国内最早的一批上网用户。1996年5月，丁磊当上了广州一家互联网接入公司的技术助理，这家公司主要向用户综合提供互联网接入业务、信息业务。丁磊在网络上开设了社区论坛，在那里结识了很多网友。由于面临激烈的竞争和高昂的电信收费，这家公司几乎无法生存，丁磊只得再一次选择离开。

1997年5月，丁磊决定自立门户，创办网易公司。他也不知道自己的公司未来靠什么赚钱，以为只要写一些软件、做一些系统集成就可以了，创业的50万元资金一部分是他几年来一行一行写程序攒下来的，另一部分是向朋友借的。他靠写软件赚来人生的第一桶金，这在当时是非常了不起的事情，被人们称为“知本创业”的精英。

经营互联网业务，必须要租赁服务器，这在当时是一笔开销很大的费用。当然，最好是把自己的服务器架设到电信局机房里去，这样就不用自己花费。丁磊动脑想出了办法，他向广州电信局呈上了一份方案，指出网易提供的社区论坛服务能够吸引大批用户上网，让网民一泡就是几个小时。广州电信局觉得有理，于是就给了网易一个IP地址，让他们把服务器放到了电信局。这种做法后来被称为服务器托管业务。

网易架设在广州电信局的服务器是丁磊花2万元自己动手组装的，硬盘容量很大，仅用来存放网易公司的主页和社区信息未免太浪费了，于是丁磊决定免费向网民提供每人20兆的个人主页空间。公司还没赚到钱，为什么要把钱花在不赚钱的个人主页上？丁磊觉得硬盘闲着也是闲着，不如拿出来给大家用，目的也是想让网易变得出名一些，但他没想到后来会这么出名。1998年3月，网易独立开发的全中文免费电子邮件开通，由广州数据分局经营，这一举措立即吸引了大量网民，一时间，许多人都在网易申请了自己的电子邮件，网易随之在网民中火了起来。

1998年7月，中国互联网信息中心投票评选十佳中文网站，网易获得第一名。听到这个消息，丁磊简直不敢相信这是真的。网易2万多个个人主页的用户首先都是网易的铁杆支持者。

2000年6月，网易在美国纳斯达克上市。2002年8月，网易推出网络游戏，成为当时火爆的网络游戏之一。丁磊成为国内第一个靠互联网成功创业的富豪。

男孩该懂得的道理

人常说，时代造就英雄。丁磊当初敢于放弃“铁饭碗”南下打拼，底气来自于梦想和才智；他能够成功，靠的是互联网知识和技能；他创办的网易，如今依然在业内保持重要影响，靠的是敏锐的眼光和智慧。这些足以说明知识的威力，也体现出才智的魅力。要想实现人生梦想，不能没有知识和智慧。缺乏资金可以筹借，但才能是借不来的。

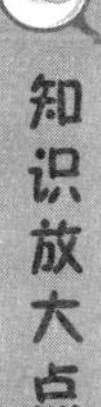

知识放大点

个人主页，是从英文 Personal Homepage 翻译而来的，意思是“属于个人的网站”。它就是一种最简单的个人网站，一般情况下无下级页面。博客也是个人主页。个人主页在我国应用广泛的是腾讯 QQ 空间。

成长金点子

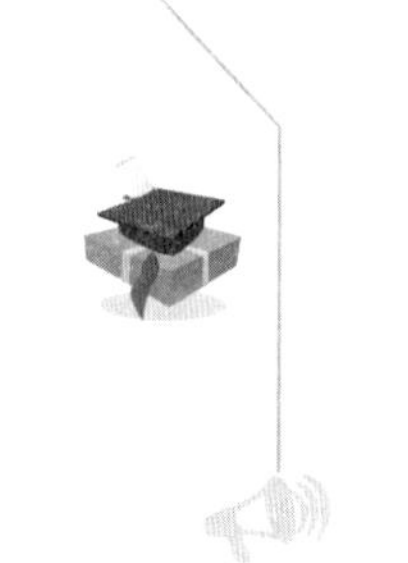

知识能让你脱颖而出

今天，我们处在知识爆炸的时代，每时每刻都会有新的知识技术产生，在充满竞争的社会中，每个人都渴望有所成就，在求知的道路上奋力前行，如果不能及时掌握新的知识和技能，停滞不前，就意味着被别人超越。所以，要想跟上时代的潮流，就要时刻不忘“充电”。

成功往往垂青有才能的人。在国内第一批网络精英创造财富的故事中，丁磊、马化腾、李彦宏等人成为网络创业英雄，因为他们接触互联网时间较早，掌握了相关技能，对互联网的发展趋势有敏锐的判断力，能从互联网的浪潮中及时发现机会，从而有胆识有底气创业，最终成为令人瞩目的成功者。

“耶鲁哥”的乡村事业

☆★☆★☆

“在殿堂和田垄之间，你选择后者，脚踏泥泞，俯首躬行，在荆棘和贫穷中拓荒。洒下的汗水，是青春，埋下的种子，叫理想。守在悉心耕耘的大地，静待收获的时节。”这是中央电视台2016年度感动中国人物评选委员会对秦玥飞的颁奖辞。让我们看一看，秦玥飞身上到底演绎着怎样的精彩故事，他又凭借何种成就当选感动中国的人物。

秦玥飞，1985年出生在重庆一个普通工人家庭。初中就读重庆第二外国语学校，学业成绩一直优秀，同时具有良好的沟通能力。初中毕业升入重庆南开中学，在校期间，除了学习之外，他积极参加社团活动，展示出较强的综合能力，被选为学生会干部，再一系列活动中表现出极强的组织领导能力。

高中毕业时，秦玥飞参加美国入学标准化考试，获得高分；在托福考试中更是获得让人惊讶的满分，最终顺利考取美国耶鲁大学，获得该校一年全额奖学金，享受学费、住宿、书费、旅行费等多项免费服务。当年，耶鲁在中国只录取了两名高中毕业生，他成为重庆第一个被世界一流名校直接录取的中学生。

2010年5月，秦玥飞在耶鲁大学取得政治学、经济学两个学士学位，顺利毕业。许多人以为，他从名校毕业，未来走的将是一条穿西装、拿高薪的富贵路。他当时与很多同学一样，频频去跨国大企业面试和应聘，然而，当很多同学开始在银行、证券等公司上班，在高档场所与客户喝咖啡洽谈业务的时候，秦玥飞突然觉得自己不应该这么生活。翌年，回国的秦玥飞正碰上湖南省在招大学生村官。他就报名了，一路过关斩将，成为了贺家山村村主任助理。

2011年8月，秦玥飞刚来贺家山村，听到大伙儿抱怨最多的是村里的一条水渠。村里300亩良田全靠它引水灌溉，因为要全面维修，至少得10万元，村里拿不出钱，大伙集资修也行不通，因为大部分村民常年在外打工，一来二去就耽搁下来了。秦玥飞二话没说，找来锄头使劲挖淤泥，希望靠自己身体力行把这条沟渠疏通。几位年长的村民也凑过来帮忙，他们忙了一下午，修整好的沟渠还不到1米长！看秦玥飞累得满头大汗，好心的老农说："小伙子，这水渠，像我们这样弄是不行的，必须花钱买水泥硬化才行。"老农的话说得秦玥飞脸发烧：自己还是耶鲁大学毕业的呢，这种常识性的问题都不用脑子想，反而还用这种笨办法！

坐在村口，秦玥飞突然想到，他在美国读书时，经常参加学校、社会的各类实践活动，有时需要四处找人筹款，维持活动的正常开支。"向社会筹款！"当手提电脑连上互联网时，秦玥飞一下子找到了以前的感觉，他很快就发现，北京一家乡村公益基金组织正有意寻找项目，支持新农村建设。秦玥飞立即查到这个基金会的电话，对方得知秦玥飞是美国名牌大学的毕业生，自愿当一名村官，感到很惊讶，并表示愿意助一臂之力。秦玥飞向村主任请好假，当晚做好项目书，订好去北京的车票，次日一早背着旅行包，信心满满地出发了。早有“谈判”经验的秦玥飞，在基金会负责人面前侃侃而谈，最终老总深受感动，当即决定拨付 10 万元，帮助贺家山村修建水渠。

这次筹款成功让秦玥飞尝到甜头，此后他下决心要继续筹钱，帮村民多干实事。刚住进小山村，秦玥飞就发现，村里年轻人常年在外打工，村里有许多留守老人，十分孤独。村里有一个敬老院，只有 38 个床位，仅能满足“五保”老人居住。能不能扩建敬老院？精通英语、善于交流的秦玥飞通过多方申请，再次从一家公益组织申请到 30 万元，用于敬老院的建设。拿到这笔资金后，秦玥飞又通过耶鲁的同学找到湖南长沙一家规划设计公司，专门设计出敬老院的图纸。对方得知秦玥飞的来意后，一切设计费用全免。在这个建设一新的敬老院里，除了舒适的居住设备，敬老院里还布局了鱼塘、菜地、果树林。

此外，秦玥飞还为村里办了不少实事，如维修道路，安装路灯，尤其是他引进一个旨在为农村学生提供优质信息化教育的项目，为贺家山村周边 4 所中小学的 700 名学生，每人募集到 1 台平板电脑。从小读书本学习的农村娃，改用拿电脑上课，老师通过专用软件能即时监控到每个学生知识的遗漏。

从一个“陌生人”成为贺家山村的名人，他与村民的相处也变得自然而融洽：村民路上碰到秦玥飞会主动打招呼、握手；走在路上，有村民追着往他手里塞鸡蛋……村民亲昵地称他“耶鲁哥”。

2013年，在中央电视台综合频道寻找“最美村官”大型活动中，秦玥飞荣获“最美村官”称号，2014年秦玥飞被选举为衡阳市第十四届人大代表，2015年他和其他同学发起黑土麦田公益计划，继续在乡村奉献自己的聪明才智。

男孩该懂得的道理

从名校毕业之后，秦玥飞开始了他的大学生村官生活，把他所学到的专业知识、与外界洽谈的能力，以及擅长的组织能力，用在改变农村的落后面貌上，这不仅是为国家扶贫事业贡献自己的力量，同时可以实现自己的人生梦想，因而是十分有意义的。男孩们也应向秦玥飞学习，树立高尚的个人理想，奉献自己的聪明才智。

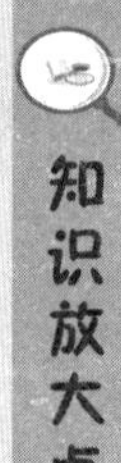

黑土麦田公益计划：为吸引更多优秀人才服务乡村，秦玥飞与耶鲁中国同学发起了这一项目，招募支持优秀毕业生到国家级贫困县从事精准扶贫和创业创新。

成长金点子

做自己擅长的事情

达尔文对数学、医学呆头呆脑，一摸到动物和植物就灵光焕发。伦琴原来学的是工程科学，他在老师的影响下做了一些物理实验，逐渐体会到那才是喜欢的行业，后来果然成为一个有成就的物理学家。阿西莫夫意识到他不能成为一流的科学家，也许能够成为一流的科普作家，于是把精力投入到科普创作上，终于成为世界著名科普作家。

“梅须逊雪三分白，雪却输梅一段香。”每个人都有自己是长处，每个男孩都有自己的天赋。兵法上讲：“知己知彼，百战不殆。”因此，我们要客观地认识自己，努力发现自己的长处，并不断培养和深化自己的特长，把精力放在最适合自己的事情上，使自己能够充分发挥优势，这样就会有利于成才和成功。

靠口才成名

☆★☆★☆

如果你关注中央电视台一套节目，就会在多档栏目中看到撒贝宁的身影。1999 年他主持《今日说法》开始走入观众的视野，2001 年主持央视娱乐节目《我们有一套》，2013 年开始主持《出彩中国人》《开讲啦》等栏目，并多次成为中央电视台春节晚会的主持人。可以说，撒贝宁能走到中央电视台，是出色的口才成就了他。

撒贝宁 1976 年出生于广东湛江，祖籍安徽和县，父母都是军人，在部队从事文艺工作。受到家庭文艺氛围的熏陶，撒贝宁从小就喜欢唱歌、跳舞和演讲；小学二年级时，因为父母转业到武汉，他转学进入新的学校就读；小学五年级时，他就获得了武汉市五年级口头作文竞赛第一名的优异成绩。

升入中学后，撒贝宁对演讲、唱歌产生了浓厚的兴趣。为了提高演讲水平和舞台形象，他常常一个人在家里对着镜子一遍遍地训练，并把自己的演讲录下来，反复听、反复练。工夫不负有心人，从初二到高一短短的两年多时间里，他参加十余次市、区级演讲比赛，每次都取得了第一名的好成绩。

高三那年，撒贝宁有幸参加了北京大学举办的冬令营，在汇报演出中，他以一曲《小白杨》展现出良好的艺术素质。在离高考还有三个月的时候，他收到了北京大学的录取通知书。

1994 年 9 月，撒贝宁进入北京大学后，积极参与各种活动，很快便成为北京大学里有名的“活动家”。凭着标准的普通话和良好的综合素质，他入校不久便被推荐担任了北大广播电台副台长兼播音员。他担任北大戏剧社社长，大二时组织学生排演戏剧，拍电视剧，获得了中央台“理想杯”二等奖；大三时作为北大合唱团团长率团远赴西班牙，在国际比赛中夺得第一，大四被保送读研究生。

1996 年 7 月 1 日，中央电视台“心连心”艺术团到北大演出，他又作为特邀嘉宾主持人与王刚、刘路一起主持了这场晚会。1998 年，经过测试，撒贝宁顺利通过考核，被《今日说法》栏目录取，实现了他当一名法制宣传者的愿望，开始了边读书边做主持人的生活。

撒贝宁并非学播音主持专业，但他凭借自己的刻苦训练，凭借自己的聪明才智及虚心好学的精神，使自己拥有了演讲这一突出的强项。这一强项不但改变了他的人生之路，还屡屡给他带来荣誉：2000 年全国电视法制栏目主持人大赛，撒贝宁获得了一等奖；中央电视台“荣事达杯”电视节目主持人大赛，他一路过关斩将，笑到最后，夺得了金奖。2001 年央视十佳主持人网上评选中荣获首届十佳主持人。

撒贝宁将他的专长发挥到了极致，从中学到大学，从大学到工作，他一直在努力锻炼自己的口才。最终，正是撒贝宁独特的专长帮助他成就了自己的事业。

男孩该懂得的道理

社会中存在着竞争，一个人要想在社会立足，学会生存，有所成就，不仅需要具备文化知识素养，而且还应当独有所长，拥有核心竞争力，使自己成为某一领域或某方面有专长的人。这样才能使自己具有独特的优势，发挥出自己的才能，成就自己的事业。

知识放大点

播音主持专业，是我国专业院校设置的一个专业学科。主要面向广播影视媒体及相关机构，培养从事广播电视普通话新闻播音主持及新闻报道、专题播音主持、文艺节目主持、体育评论解说、双语播音主持、影视配音及演播等专业人才。

成长金点子

养成发掘自身潜力的习惯

撒贝宁曾说："我喜欢演讲，演讲给我自信，演讲锻炼了我的心理素质和应变能力，演讲这一项突出的能力对我的发展进步能起到巨大的推动作用。"每个男孩都有自己的梦想，只有养成发掘自身潜力的习惯，并将自己的专长发挥到极致，就有成功的希望。

首先，积极的自我暗示。发掘自身潜力的一个有效途径，就是给自己积极的心理暗示。例如，经常对自己说"我的学习能力越来越强""我有这种能力"，经常这样鼓励自己，久而久之就会增强自信心。

其次，凡事积极地对待。积极的心态有助于我们调动出积极的思维，进行积极的思考，一方面引导我们向好的方向前进，一方面也能激发我们的潜能。人们的许多创意都是在思维活跃的时候产生的，积极的人更愿意去尝试，在一次次的尝试中，必然会发觉自己潜藏已久的潜能。

再次，培养坚强的意志。坚强的意志能让我们坚持下来，直到达成自己的目标。它能够时刻督促我们跟随自己的信念而努力，并

在这个过程中发现自己的潜能。

最后，克服懒惰情绪。许多人经过短暂的努力而失败后会感到疲倦，然后就想半途而废，很少主动发掘自身隐藏的潜力。一旦克服了自身的懒惰情绪，就会得到惊人的效果。

第八章

思考会开启智慧之门，创新会找到超越的途径

著名心理学家弗洛伊德说：“冷静思考的能力，是一切智慧的开端，是一切良知的源泉。”思考是打开知识大门的钥匙，引导求知者走进智慧的殿堂；思考是创新的窗户，它为发明创造者点亮闪光的灵感。善于思考的大脑就像一个熔炉，溶入知识的原料，炼出创新的黄金。有所成就的人往往喜欢思考，发现疑问决不盲从，在探究的海洋中，他们有可能发现我们未知的新大陆。

杂交水稻探索之路

☆★☆★☆

2004 年，世界粮食奖、以色列沃夫奖、泰国金镰刀奖先后授予了中国著名杂交水稻专家袁隆平，他是中国研究与发展杂交水稻的开创者，被誉为“世界杂交水稻之父”，1995 年当选中国工程院院士。他的成就证明，思考和创新是科学进步的阶梯。

1953 年，袁隆平从西南农业学院毕业后，被分配到湖南安江农校教书，最初他研究红薯、西红柿的育种和栽培。1960 年，中国发生了一场罕见的自然灾害，袁隆平意识到，只有水稻才是农民的救命粮。从那时起，他开始了在水稻领域的探索。

当时，很多书籍都断言，水稻、小麦等自花授粉的作物自交有优势，杂交则会退化，袁隆平就把希望寄托在了选种上。1960 年，他在农校的试验田里偶然发现了一株长势良好的水稻，他用这株水稻试种，精心培育了一年，希望第二代会有更好的收获，但在一年后那株水稻的第二代却出乎他的意料：高的高矮的矮。就在这个失望之余，他发现其子代有不同性质，因为水稻是自花授粉的，不会出现粉种分离，他产生了一个灵感，这株水稻很可能是一个天然杂交水稻，它与教科书上讲的不一样。随后，他就雌雄同蕊的水稻雄花去掉，授予另一个水稻品种的花粉，尝试产生杂交水稻品种。第二年的试验证明，这些杂交水稻有一些组合，它不是一个品种，但有优势，于是就坚定了他探索杂交水稻的信心。

1964年，袁隆平在试验稻田里找到一株“天然雄性不育株”，经过人工授粉，结出了数百粒第一代雄性不育株种子。后来，他又在14000多个稻穗中发现6株不育株，并在此后两年的播种中，共有4株成功繁育了1~2代。这一研究彻底推翻了米丘林、李森科的“无性杂交”学说，并推论水稻也有杂交优势，通过培育杂交水稻，可以大幅提高水稻产量。

1965年，袁隆平写出了一篇《水稻的雄性不孕性》的论文，刊登在中国科学院主编的《科学通报》半月刊上。由于论文的观点与书本上的经典学说相背离，袁隆平又没有什么学术地位，论文的内容并不被学术界认同。有人说，他对遗传学一无所知，更有人说他异想天开。袁隆平准备挑战经典，但是他也知道，这条路充满了坎坷与风险。

为了培育杂交水稻，他们首先要解决的是培育雄性不育系水稻，从1964年开始，他们通过数以万计的逐穗检查，终于找到了六株雄性不育系水稻，但研究远未见到曙光。到1970年，他们用国内外几百个品种做了几千个杂交组合，结果还是无法取得突破。

当时，袁隆平的心情很沉重，但是并没有丧失信心，于是决定调整技术路线。他从几千次的失败中吸取教训，准备从与水稻亲缘关系较远的野生稻上寻找突破口。袁隆平的助手1970年在海南岛的一片沼泽地发现了一株水稻成为了打开研究杂交水稻最关键的一环。

1973年，三系法杂交水稻获得成功，此前，国际水稻研究所也做过同类的研究，只研究了两年没有取得成果就放弃了。1974年，袁隆平育成第一个杂交水稻强优组合南优2号。1975年研制成功杂交水稻制种技术，从而为大面积推广杂交水稻奠定了基础。袁隆平终于成功了！他研究的三系法杂交水稻成为世界上首例成功的杂交水稻品种。据统计，从1976到1987十几年间，中国的杂交水稻增产稻谷1000亿公斤，这对于上世纪七八十年代还在为温饱努力的中国农民来说，简直就是救命粮。1981年，袁隆平和他的研究小组获得中国第一个国家特等发明奖；2001年他又获得了国家科学技术领域的最高奖——国家科学技术奖。在一项无形资产评估中，“袁隆平”三个字的品牌价值被估价超过1000亿元，从此人们说袁隆平身价过亿。

在荣誉和财富的簇拥下，袁隆平在探索水稻杂交的道路上没有止步。2004年9月，袁隆平领导的超级杂交稻取得重大突破，在育种方面提前一年实现了大面积亩产超过800公斤的目标，这意味着每年又可以多养活7500万人。这一年，他被中央电视台评选为2004年度感动中国的十大人物之一。

男孩该懂得的道理

人的认识是有局限的，教科书上说的也不一定百分之百正确，知识需要不断更新，科学研究需要不断创新。创新就是不断探索，这样才能超越，科学探索如此，人生成长也是如此。

只有不断学习新知识，善于思考，善于创新，才会促使自己成才，也才能在未来的事业中有所成就。

三系法杂交水稻：也叫籼型杂交水稻。所谓三系，即雄性不育系、雄性不育保持系及雄性不育恢复系之间的配套应用。三系法杂交水稻是我国水稻育种和推广的巨大成就之一，为社会创造出了惊人的经济效益。

成长金点子

要善于思考

孔子说“学而不思则罔”，只读书学习，而不思考问题，就会罔然无知而没有收获。学习上遇到困难的时候，自己要作出选择和判断，久而久之就会形成独立思考的习惯。同时，在课堂上要积极发表自己的看法和意见。在发言前大脑就会通过思考形成语言表述，这个过程能够锻炼思考能力。一旦养成思考的习惯，就会准确地理解所学的知识，发现新问题主动地进行探究，促进自己的知识越来越完善。

如果过于迷信书本，我们的创造性很可能就会被泯没。所以，

在求知的过程当中，我们要有一定的质疑思维，不盲目地跟着别人的思维，不迷信书本和权威，不受传统观念束缚，独立思考，敢于提出问题和质疑，并在实践的基础上创立新学说。

电脑迷与微软视窗

☆★☆★☆

会用电脑的人都知道的 Windows，也叫微软“视窗”，它使电脑摆脱了早先使用字符界面的 DOS 系统，使电脑操作系统一跃进入了图形化时代，极大地方便了普通电脑用户。微软“视窗”的诞生把微软创始人比尔·盖茨推上了世界首富的宝座。

比尔·盖茨，1955 年生于美国西雅图，小学时热爱学习，自己感兴趣的科目上舍得花精力，对于别的科目不太用功。因为偏科，他在考试中很少得全优。

六年级的时候，比尔·盖茨加入了一个学生俱乐部，这为他的激情找到了用武之地。这个俱乐部的成员多半是些像比尔·盖茨一样自命不凡的小学生，他们聚集在一起讨论时事、书籍和其他主题。他们认为自己已经长大了，头脑不比中学生差。他们组织野游，去一些能激发人智慧的地方。比尔·盖茨还参加了经济学特别班。这个班在教学上总是把学生与社会联系在一起。比尔·盖茨曾写了一篇《为盖茨股份有限公司投资》的论文。在这篇论文中，他把资本比喻成一个年轻人，把自己想象成一个发明家，向医院销售一种心脏保护系统。那时，他已经清楚地知道筹足资金和雇用员工的重要性。

比尔·盖茨11岁的时候，由于他在数学和自然这两门学科比其他学生超前许多，学校已不能满足他的求知欲了，于是父母将他送往湖滨中学。这是一所专收男生的私立预科学校，学习气氛浓厚，教学严谨，比尔·盖茨的天赋得以生根、发芽和成长。

1966年，湖滨中学决定，让有兴趣的学生学习电脑。美国当时正致力于将宇宙飞船送上月球，电脑技术日益受到重视，网络技术也悄然兴起，这使普通人学习电脑成为可能。不过，当时的电脑售价高达数百万美元，普通人甚至连许多学校也根本买不起，学校决定先买一台价格便宜的电传打字机，使用者可以在电传打字机上输入指令，让它通过电话线与一台PDP-10型电脑联网。这台机器为比尔·盖茨的激情找到了另一片用武之地，他成为湖滨中学最早的电脑迷。

有一天，数学教师带学生参观电脑房，他让比尔·盖茨试着在电传打字机上输入几条指令，这些指令的结果立即从电脑上传回来了，这使比尔·盖茨大为惊讶！他从中感到了一种前所未有的兴奋。从此，他一有空就去电脑房里，不断地在打字机上做着各种试探的练习。这个时候，电脑操作技术不为一般人所掌握，就连学校的辅导老师也知之有限，学生无处可以求教，只得凭着自身的求知欲寻找有关的资料加以探究。

比尔·盖茨十分迷恋电脑，为了弄清这种神秘的机器，他不放

过任何一种有关电脑的书籍和资料，把能弄到手的每一篇文章都会弄明白，并思考出其中的原理，他尤其热衷于学习编制电脑程序，对有关文章中提到的程序编制方法和提出的各种问题，都要拿到计算机上逐一检验。他的电脑知识像滚雪球一样在增加，每天花在电脑上的时间也越来越多。他把从阅读中获得的知识和从操作中得到的经验联系起来，每天都有新的发现和体会。

进入哈佛大学以后，比尔·盖茨大部分时间仍用在电脑上，那些他不感兴趣的学科还是调动不起他的兴趣。只要能够用上电脑，他可以毫不犹豫地使出各种花招。大学一年级的时候，他设计出一个垒球赛的BASIC程序。这个程序要求他编写出复杂的规则系统，以代表电脑屏幕上的击球、投球和接球。比尔·盖茨非常入迷，以至于他在蒙上毛毯熟睡的时候，还梦着编程的事，一遍一遍地说着梦话。

那时，编写电脑软件的专业人才奇缺，而比尔·盖茨具有这方面的才能，一些机构和公司都找他编写电脑程序，他开始不满足于揽活赚“外快”，于是决定退学，与保罗·艾伦合伙成立了微软公司。在公司未来发展的方向上，起初双方意见不一致，保罗·艾伦既想生产硬件又想开发软件，比尔·盖茨意识到计算机行业中未来的“摇钱树”是开发软件。微软成立时，计算机行业中的许多大公司都把精力集中在研制和生产硬件上，比尔·盖茨避免与这些公司“撞车”，他说服了合伙人集中精力开发软件。

后来，有一款表格软件几乎占领了整个市场，对微软公司构成很大的压力。要想让自己的产品在软件市场上占有优势，就必须拥有独特的产品，比尔·盖茨决定开发一款名为“视窗”的软件作为回应。这是一个复杂的软件，开发起来并不容易，要解决许多技术上的难题。尽管困难重重，他和员工没有退缩，经过长达四年的努力，终于开发出功能近乎完美的电脑操作系统，使他的公司在激烈的市场竞争中占据了极为有利的位置。此后他连续多年成为世界首富。

男孩该懂得的道理

在一次采访中，比尔·盖茨回忆了微软公司只做软件的想法：微处理器的能力每两年就翻一番，在一定意义上说，可以把电脑硬件想象成几乎是免费的。这样就可以问一问自己：为什么要掺和制造几乎是免费东西呢？什么是稀缺的资源？是什么限制了对计算机能力的利用？是软件。事实说明他具有超前的洞察力。无论是学习还是做事，都需要认真思考，这样才能为自己找出走向成功的道路。

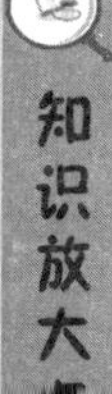

知识放大点

微软视窗，英文为Microsoft Windows，是一款为个人电脑和服务器用户设计的操作系统。它的第一个版本由微软公司于1985年发布，此后有许多版本升级。它在个人电脑操作系统软件上长期处于垄断地位。

成长金点子

创新需要激情

众所周知，比尔·盖茨是一位高智商的人。不过，高智商并非他取得成功的关键要素。很多高智商的儿童到了成年却默默无闻，有的甚至还不如普通人，因为其高智商没有在某一方面充分展现出来，这就说明高智商不是成功的首要条件。

一个人如果没有达到某一目标的强烈愿望，缺乏成功的动机和创新的激情，以及超过常人的勤奋，是不可能有所成就的。所以，当你对身边的某种事物产生好奇心，开始进行思考并提出问题的时候，就是对该领域怀有极大的兴趣，不妨将这种兴趣继续下去，长大后满怀激情地从事这一方面的事业，不仅会使自己的能力得以施展，而且也会取得惊人的发展。

另辟蹊径打开市场

☆★☆★☆

有电脑的人都要安装杀毒软件，以前的杀毒软件都要花钱买，一年一个版本，使用一年后需要花钱升级，不然就作废了。几家杀毒软件公司竞相宣传自己的产品，用户也不知道到底哪家的杀毒能力强，即使安装正版的杀毒软件也不能完全保证电脑不中毒。后来，市场出现了一款免费的杀毒软件，打破了行业的格局，在激烈的市场竞争中闯出了一条新路。它的创始人就是周鸿祎。

周鸿祎1970年生于湖北蕲春县，从小在郑州长大，1988年高中毕业后考入西安交通大学电信学院计算机系，1992年大学毕业时，因学习成绩优秀被保送本校管理学院系统工程系研究生。1995年毕业后就职于方正集团，先后担任程序员、项目主管、部门经理、事业部总经理等职。

1998年10月，为了实现“让中国人能用自己的母语上网”的理想，28岁的周鸿祎创建了3721网站，开创了中文上网服务之先河，中文关键词搜索技术所带来的网站实名服务覆盖了当时90%以上的国内互联网用户，每天使用量超过8000万人次，并拥有超过60万的企业客户，占据国内付费搜索市场40%的市场份额，居于领先地位。2001年，3721公司在国内互联网企业中率先宣布盈利。2004年被雅虎中国公司收购。2005年周鸿祎功成身退，成为天使投资人，以投资合伙人的身份加盟国际数据集团风险投资基金，帮助国内的中小企业获得快速发展的机会，先后投资了多家创业项目，如迅雷、酷狗等知名互联网产品。

2006年，周鸿祎投资奇虎360科技公司，该公司旗下最主要的产品就是360安全卫士。2008年奇虎360宣布推出免费杀毒360，并对用户承诺进行永久的免费服务。一石激起千层浪。奇虎360的这一举动不仅打破了杀毒软件的收费规则，而且惹怒了瑞星、金山等各大杀毒软件厂商。就在奇虎宣布杀毒360免费的一周之后，瑞

星公司宣布，在全球发布永久免费的“瑞星卡卡 6.0”并捆绑免费期为一年的“瑞星杀毒软件 2008 版”和“瑞星个人防火墙 2008 版”。人性的弱点之一就是喜欢品尝免费的午餐，互联网用户也喜欢体验免费的杀毒软件，很多用户安装了免费 360 安全卫士，感觉还不错，谁还愿意卸载了再去花钱买呢。一传十十传百，这样免费杀毒 360 的用户越来越多。

到了 2010 年，金山公司称，有大量金山网盾用户反映，360 安全卫士恶意卸载金山网盾。据金山公司实验调查发现，奇虎 360 公司在对用户进行 360 安全卫士的全面版本更新时，借口兼容问题使原来金山杀毒软件用户强行卸载了金山网盾，双方因此展开了口水战。经过这么一折腾，金山公司采取什么补救措施也难以挽回其市场份额的颓势。

2011 年，奇虎 360 在美国纽约证券交易所上市，迅速成长为中国最大的互联网安全服务提供商。

周鸿祎在谈及当初的想法时说，他在做安全软件的时候，几家公司都在卖杀毒软件，如果也跟别人一样收费，别人卖 200 块钱，即使自己卖 50 元，也不见得比别人做得好，因为在行业里已经不是第一个了，可能是第四个、第五个了，市场已经被别人都占了。周鸿祎思考如何与其他几家杀毒软件公司不同，想来想去，他想到了“免费”。这是唯一与其他公司不同的地方：其他杀毒软件公司收费，奇虎 360 杀毒软件免费；他们有免费的版本，奇虎 360 就终身免费、永远免费。

当时，不仅对手认为周鸿祎“疯”了，奇虎 360 的投资人也都认为他“疯”了。投资人求他说，“大哥呀，您能不能不这么折腾公司了？”周鸿祎对投资人说，他也没办法，要做就必须要跟对手不一样，哪怕只有这一点点不一样。事实上，正是因为这一点点不一样，才使奇虎360击败了当时所有的对手，变成了中国网络安全软件行业的老大。

男孩该懂得的道理

创业需要新思路。奇虎360推出免费杀毒软件后，通过免费的商业模式，以及产品与技术创新，颠覆了传统互联网安全概念，改变了市场格局，赢得了先机。当然，天下没有免费的午餐，羊毛出在羊身上，虽然360安全卫士是免费的，但通过其庞大的用户，仍然开发出了其他盈利渠道。成功没有固定的套路，成就任何事业都离不开创新思维。

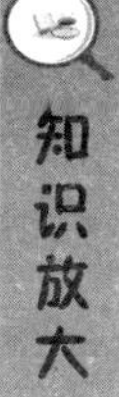

知识放大点

风险投资基金，又叫创业基金，是当今世界上广泛流行的一种新型投资机构。它以一定的方式吸收机构和个人的资金，投向不具备上市资格的中小企业和新兴企业，尤其是高新技术企业。风险投资基金无需风险企业的资产抵押担保，手续相对简单。其经营方针是在高风险中追求高收益。

做有个性的自己

诗人汪国真曾这样写道："一个人没有个性，便失去了自己。""同为名山：华山险；泰山雄；黄山奇；峨眉秀。'险''雄''奇''秀'，就是不同的个性。山如此，人亦然。"世界上没有两片完全相同的树叶。每个人都希望能保持自己的特色，与众不同。

首先，做事有主见。自己想做什么，就要进行尝试着去做，不要总是模仿他人，以免丧失自己的个性。

其次，不轻视自己。世界上的任何事物都有两面性，人生也是如此，有成功也有失败，失败并不意味着你一定要放弃，而是要求你必须更加努力。

最后，学习上善于思考，勇于创新，做个独一无二的自己。只要养成这样的习惯，就能让自己的人生更精彩！事实上，做事随大流、人云亦云，是不会成功的，有想法、有个性的人，更接近成功。

偶然得来的灵感

☆★☆★☆

在城市里叫过出租车的人都有体会，几年前，出租车少，车费高，地段不好会被拒载。自从兴起网上预约叫车服务后，极大地方便了人们的出行。如今网络叫车服务公司竞相加入，颠覆了出租车行业的经营格局，成为年轻市民打车出行优先选择的方式。这一领域的业界翘楚当属“滴滴出行”，也许令许多人没有想到，其创始人程维竟然是一名“80 后”。

程维 1983 出生于江西省铅山县河口镇的普通家庭，小时候喜欢读书，在学校里一直品学兼优，成绩名列前茅，原本想着高中毕业后考上名牌大学。不料在高考前一天，他突发高烧，考数学时竟然漏掉了最后的三道大题，好在高考总分也不算低，最后进入北京化工大学，学习行政管理专业。

大学四年一晃就过去了，到毕业的时候，在大四找工作的时候，程维才发现自己所学的专业并不好找工作。如果考不上公务员进不了行政机关，哪有机会做行政管理呢？如果不是家族企业或者熟识的老板，谁愿意让刚出大学校门的学生做行政管理呢？想进入有编制的事业机构又谈何容易！自己所学的专业知识，在就业中就像一

块鸡肋，食之无味，丢之可惜。找到与专业对口的工作不太现实，只能找一份就业容易的工作。保险行业经常招聘新人，进入门槛也比较低，程维就做了一名保险业务员，开始向人推销保险产品。

推销保险产品看似容易做起来难，推销一份保单不是容易的事情，他被人拒绝过的数次自己都记不清了。向熟人推销是保险业务员的绝招，程维找到大学时的系主任，请求他买一份保险，系主任委婉地拒绝了他，并留下一句话：“不是我不帮助你，现在连我家的狗都有保险了。”这句话使程维备受打击，也坚定了他辞职的想法。

从保险行业辞职后，程维换了几份工作，但他感觉都不如意。2005 年，他觉察到互联网可能是未来发展的趋势，听说阿里巴巴发展不错，于是来到了杭州，进入阿里巴巴旗下的一家公司从事销售工作。没想到他在这里如鱼得水，业绩不断增长，没多久就成为最年轻的区域经理之一，几年工夫就当上了支付宝下属事业部的副总，在这期间积累了销售经验和人脉资源。

有一次，程维与一位客户约好洽谈，无奈因为下班时间是交通高峰时段，他等了很长时间都打不到出租车，结果迟到了半小时，见面后被客户数落了一番。回去之后，他就想，有没有一种能解决上班族上下班都能打到车的办法呢？到网上搜索，看到美国有一家叫“优步”的公司从事这项业务。美国人能做，中国人也能做啊！受到这个启发，他突然产生了网上预约叫车的想法，于是果断辞去工作，投身于智能打车的创业中。

2012 年，程维用 10 万元和同事在北京成立了自己的公司，开始着手开发滴滴打车软件。三个月后，“滴滴打车”APP 上线了，然而却出师不利，眼看公司账面上只剩下 1 万块钱，他想到了融资，却被几十位投资者拒绝。一位业内人士看了他演示的 APP，不屑地说：“‘垃圾’产品，现在哪里还有需要注册的互联网产品。”这一句话使程维突然醒悟，于是开始精心打磨自己的产品，让滴滴打车脱胎换骨。

2012 年 12 月，滴滴公司获得了首轮融资，到了 2014 年滴滴打车的用户激增到上亿人，约占市场份额六成。后来，滴滴打车公司与快的打车公司战略性合作，改名为“滴滴出行”。2016 年又收购优步（中国）公司，从此统一了国内智能打车市场，如今已成为该行业的领头羊。

男孩该懂得的道理

生活中，许多人习惯于随大流，根本不知道自己喜欢什么、擅长什么、想做什么、能做什么，听凭家人或亲友的安排，遇到不满意的结果就开始埋怨。想成为有出息的男孩，不仅要善于思考，敢于创新，而且要听从内心的声音，尝试做自己的主宰，选择适合自己的人生路，这样就可能闯出一片新天地。

知识放大点

融资，通常是指一个企业筹措资金的行为和过程。一般而言，企业根据自身经营状况和资金状况，以及未来经营发展的需要，通过预测和决策，采取一定的方式向投资者筹集资金，以保证企业的正常运转。

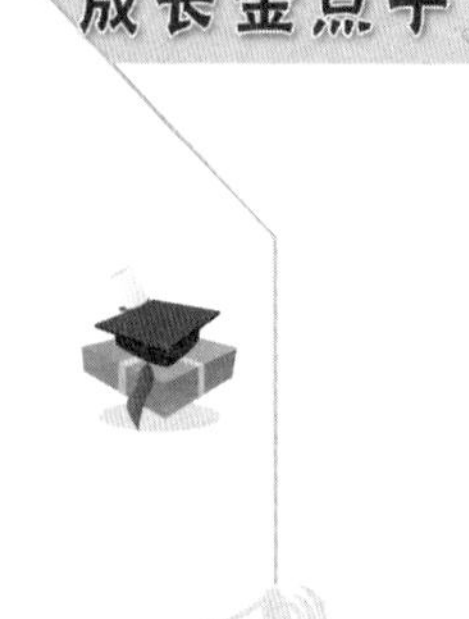

培养创新能力

首先，冲破思维定势，训练发散性思维。日常生活中，我们经常按照已有的思维规律和积累的经验教训处理问题，久而久之造成思维僵化，因而需要训练发散性思维，有意识地以某一事物为出发点，多角度、全方位思考问题。

其次，启发相关联想，训练思维的变通性。相关联想是由某一事物联想到另一事物的心理过程。通过相关联想能不断拓宽思维空间。

第三，充分展示个性，训练思维的独特性。善于接受老师对自己的引导，学会换角度思考问题，从而获得与众不同的思维方法。

第四，营造氛围，诱发创新的热情。心理学研究表明，一个人创新能力的发展离不开良好的氛围。因此，日常生活中，我们要树立起创新意识，通过讨论、动手实践等方式营造创新氛围，诱发彼此的创新热情。

第九章

有主见是自立的前提，能坚持是成长的标志

有人说，人生如爬山，每个人都有自己的不易。有人怕累从未迈出一步；有人听说山上不好玩就停住了脚步；有人怀疑自己爬不到山顶，半途折返；竭尽全力的人，一路挥洒着汗水登上了山顶。山脚下的人羡慕地望着他们，深感自愧不如。其实，登顶的人未必有强过自己的体力，他们靠的是信念和毅力。人生的道路上，纵然有一百个理由让你放弃，也一定会有一个理由让你坚持。只有登上事业的高峰，才能看到成功的美景。

“兵王”炼成记

☆★☆★☆

2011年初中央电视举办“2010感动中国人物”颁奖晚会，评选委员会给一位获奖人物的颁奖辞是：“百折不挠，百炼成钢，能上九天，能下五洋，执著手中枪，百步穿杨，胸怀报国志，发愤图强。百战百胜，他是兵中之王！”这位获奖人物就是何祥美。他在入伍前只是一个初中文化水平的农村青年，是部队大熔炉把他炼成了一名“三栖”精兵。

1999年底，18岁的何祥美走出群山环抱的江西崇义老家，入伍来到南京军区某部。成为一名光荣的解放军战士后，他积极学习，报名参加全军自学考试后，三年通过全部十五门课程，获得大专文凭。

入伍第一年，何祥美在训练中吃苦耐劳，掌握了跳圆伞的技能。第二年，他作为营里唯一的义务兵参加了跳翼伞训练。经过严格考核后，他获准参加首批试跳。然而，第一次试跳，死神就与他擦肩而过。当时，何祥美第一个跳出舱门，主伞不能正常张开。“打开备份伞！”地面指挥员通过对空广播喊话，“如果直接打开备份伞，很可能与主伞缠在一起，更危险！”危急时刻，何祥美的脑子却异常清醒，就在距地面不到 300 米的时候，他作出了一个明智的抉择：先拔掉飞伞把柄，甩掉主伞，再拉开备份伞手拉环，打开备份伞。因为平时严格的训练，他对处理眼前的故障的措施了然于胸，干净利落地完成了这一连串动作，他安全着陆了！

在熟练掌握跳伞技能后，喜欢挑战的何祥美又给自己找到了新目标——潜水。潜海是一项高难度、高风险课目，稍有不慎，水压便会对人产生致命伤害。考核时，何祥美第一个跳入冰冷的海水。他慢慢地下潜，每下潜 2 米都会进行一段时间抗压。当他潜到水下 7 米的时候，感觉胸口发闷，呼吸困难，耳膜和鼻子几乎要爆炸。他当时脑子里只有一个念头：决不能上浮。剩下的 3 米距离，他每下潜 1 米停留的时间就更长，一直潜到 12 米。等他上岸时才发现，只有他一个人完成了 10 米海底下潜的训练任务。

入伍后的第 6 年，部队抽调了一批训练尖子组成狙击手集训班，何祥美幸运入选。训练中，何祥美总是第一个端枪，最后一个放枪。无依托据枪，是狙击训练最苦最难的课目，狙击手的肘部都磨破了，血水、汗水和迷彩服粘在一起，脱衣时钻心的痛。身边战友陆续戴上了护肘，何祥美不愿戴。他说，戴上护肘，总觉得据枪动作不真切了，怕会影响射击感觉。

作为一名狙击手，何祥美不仅懂得如何射击，还深入学习和掌握射击原理。凭着一股韧劲，他啃下《射击学》《终极狙击手》等专业书籍；常年阅读《轻兵器》《兵器知识》等杂志；整理笔记 3 万余字，绘制各种图表 60 多张，记录各种数据 850 组，打下扎实的射击理论基础。狙击手因射程远，对射击环境格外敏感，稍有变化便要

调整瞄准点，俗称“修风”。这也是狙击手达到“人枪合一”境界的必经之路。为了迈过这道坎，何祥美把毫无规律可循的数千个射击参数，牢牢“烙”在脑海里，在实践中用心体味揣摩。后来，射程随你定、目标可大小，何祥美抬头瞟一眼，几秒钟内就能判定风向、风速，目测距离和高低角，得出正确的修正值。其结果多次与测量仪比对，误差接近于零。

在军事技能训练中，何祥美善于琢磨、扬长避短。过去，他转体出枪快速射击，速度比别人稍慢。几经琢磨，他先甩头捕捉目标再转体，射击速度更快了。这一经验在所在部队得以推广。魔鬼般地训练，铸造出一个又一个传奇：何祥美精通狙击步枪、匕首枪、微型冲锋枪等 8 种轻武器射击，在 200 米距离上指哪打哪，发发命中要害；手枪速射，从拔枪、上膛到击发，仅需 0.58 秒。2005 年，部队首次组织狙击手集训，何祥美把圆石子、弹壳放在枪管上，两个小时不掉。为了有效识别目标，他盯着手表秒针练眼力，5 分钟不眨眼、不流泪。2007 年在某野外射击场演习进入狙击歼“敌”阶段，天气不好还夹杂着小旋风，但是何祥美却打出非常好的成绩。

当一名神枪手的目标实现后，何祥美又有了新的目标——成为“空中猎鹰”。他广泛涉猎和钻研相关知识，不舍昼夜。第一次驾机升空，何祥美就遭遇险情。爬到 70 多米高空时，突然一阵横风吹来，飞行器倾斜侧滑，急剧下坠。突如其来的险情，让战友们的心都提到嗓子眼。但是，何祥美坦然应对，迅速调整操纵杆，化险为夷。4 个月的训练时间，何祥美成功处置 10 多次险情。凭借过硬的素质和技术，何祥美试飞某飞行器成功并当上教员。

何祥美不仅陆空作战功夫过硬，海上作战本领也十分了得。赤臂游泳和武装泅渡，他的成绩都是优秀，10 公里泅渡只需两个半小时。驾驶冲锋舟和摩托艇，能在六级风浪中穿梭如飞、操作自如。他参加过“蛙人”集训，掌握了水下渗透、水下射击、水下格斗、水下爆破等战斗技能，还下潜到 30 米的海底执行过任务。他先后被授予“全军爱军精武标兵”，2011 年在第三届全国道德模范评选中荣获“全国敬业奉献模范”称号。

男孩该懂得的道理

任何一件不易完成的事情，只要下功夫去做，突破了心中的障碍，就能享受成功的喜悦。很多人怕苦或者其他原因，给自己一个台阶，说一声“我做不了”，就轻易地放弃了。也许你再坚持一段时间，通过激励自己重新获得力量，就可能迈过最艰难的一段路程。男孩们，要学习何祥美苦练军事技能的精神，培养顽强拼搏的意志和毅力。

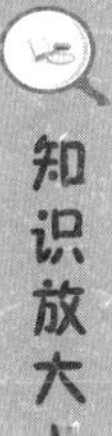

武装泅渡，是指单人或成队携带武器装备渡过江河的游泳方式，它是野战部队、海军陆战队官兵必须具备的技能之一。通常采取蛙泳和侧泳的方式，以利于保持身体平衡、观察水面动静，并使游动声响小。必要时，可以利用气袋、竹筒、木筏等漂浮物在水中行进。

成长金点子

做事要有始有终

许多男孩好奇心强，兴趣爱好广泛，但不愿意吃苦，也缺乏耐心，在学习一门知识时遇到困难就容易“打退堂鼓”，学习和探究的兴趣和热情会随之消散，不愿意再坚持下去。这既是缺乏意志力的表现，也反映出缺乏责任心。既然学习一门知识或者做一件事是自己决定的，无论它是多么不易，或者它是多么复杂，都不要轻易放弃，而要持之以恒，有始有终。在这个过程中，可以培养我们的吃苦精神，锻炼我们的意志力，增强我们的自信心。

三十年只做一件事

☆★☆★☆

“这一生没有虚度，此生属于祖国，此生属于事业，此生属于核潜艇，此生无怨无悔！”

这几句话是一位92岁高龄科学家演讲的结束语，从中我们能够深刻地体会到，他对强军强国的梦想和对核潜艇事业真挚的热爱，他就是黄旭华院士。中国第一代攻击型核潜艇和战略导弹核潜艇的总设计师，被称作“中国核潜艇之父”，2013年度感动中国十大人物。

黄老在中央电视《开讲啦》演讲中，精神矍铄，思路清晰，声音洪亮，观众很难想象他已经是耄耋老人。他在这次演讲中首次公开了中国研制核潜艇那些隐秘、艰辛、壮丽又伟大的往事，给我们描述了在那个波澜壮阔的年代，国防建设战线上的英雄故事。

黄旭华祖籍广东省揭阳县玉湖镇新寮村，1926年出生于广东省汕尾市红海湾区。他小学毕业的时候，“七七事变”爆发了，沿海城市的学校大多被迫停办，为了求得一个能够安下心来读书的地方，他和同学们不顾交通的困难，徒步走了四天山路，脚都起了血泡。可是日军的轰炸更频繁了，每次警报一响，他和同学们都得被逃难的人潮裹挟着往城外的山洞里面跑。这一天如果警报不解除，就得在山洞里挨饿一整天。黄旭华感觉到一股耻辱的怒火在燃烧，他想：“为什么日本鬼子敢这么猖狂，想登陆就登陆，想轰炸就轰炸？为什么我们中国老百姓不能生活在自己的土地上，却要四处逃难、妻离子散？为什么我们中国这么大的土地，我却连一块可以安下心来读书的地方都没有？什么道理！”这正是因为中国太弱了，弱国就要受人家的欺凌，受人家的宰割。

原本黄旭华的志愿是学医，想当一名好医生，继承他父母的意愿——治病救人。“怎么办？我不学医了，我要学航空，学造船，将来我要制造飞机保卫我们国家的蓝天；或者我要制造军舰，抵御外国从海上进来的侵略。”黄旭华生长在海边，对海有更深的情结，同

时为了抵御帝国主义的海上侵略，权衡之下，他进了上海交通大学造船系，毕业后从事过民用船舶和舰艇的研究设计工作，1954 年他被选送参加苏联援助中国的几型船舶的转让制造和仿制工作。

为了打破帝国主义对新中国的封锁和核讹诈，中央提出了研制核潜艇的计划。1958 年，国防科委刚刚组建，聂荣臻元帅向中央呈报了关于开展研制导弹核潜艇的请示报告，首批只有 29 个人，平均年龄不到 30 岁，挑起了我们国家核潜艇的开拓任务。黄旭华就是这 29 个人当中的一个，担任核潜艇研究室副总工程师。从那个时候开始一直到现在，他一直没有离开过核潜艇的研制领域。

研制核潜艇难度极大，中国当时没有专业人才，工业制造基础薄弱，开始曾寄希望于同属社会主义阵营的苏联。1959 年赫鲁晓夫访华期间，中国政府向他提出，请求苏联对中国核潜艇研制提供技术支持。赫鲁晓夫傲慢地说，核潜艇技术复杂，花钱又非常多，中国搞不出来，只要苏联有了，双方建立联合舰队就可以了。苏联不援助，中国人只得自己干。从此，我国走上了独立自主研制核潜艇的道路。

研制核潜艇是一个极其复杂的工程，当时世界上只有少数几个国家能够制造。中国研制核潜艇不仅面临国家科学技术水平和工业生产能力低的问题，更大的困难是没有这方面的人才，当时研制核潜艇的专业人才一个也没有。参研人员只参加过苏联常规潜艇的仿制工作，至于核潜艇是什么样子，谁都没有见过。他们找到所有可能找到的报刊杂志，收集有关核潜艇的资料，进行分析整理。

在一次偶然的机会，研制人员弄到了两个美国“华盛顿”号核潜艇的玩具模型，大家如获至宝，拆解分装了一次又一次，结果发现跟他们推演出的设计图基本一致，所有人都兴高采烈。那时候没有电脑，所有数据都靠算盘和计算尺，他们分两组算同一个数据，如果两组算出来数据相同则没问题，如果不同就重新计算，直到数据相同为止。

参研人员看到了模型，算出了核潜艇一些数据，但关键还需要制造技术。面对国外的技术封锁加大了研制的困难，黄旭华和同事们知难而进、奋勇拼搏，先后研制出了比常规流线型潜艇水下阻力更小的水滴性潜艇，同时解决了核潜艇的操纵性等一系列技术难题。经过十多年的研制，从 1971 年到 1981 年，中国陆续实现第一艘核潜艇下水，第一艘核动力潜艇交付海军使用，第一艘导弹核潜艇顺利下水，成为世界上第五个拥有核潜艇的国家。黄旭华参与完成的中国第一艘核潜艇研制获得 1985 年国家科学技术进步特等奖，导弹核潜艇研制获得 1996 年国家科学技术进步特等奖。

为了恪守国家机密，从 1958 到 1986 年，黄旭华没有回过一次广东老家探望父母。30 年中，他和父母的联系只有一个海军的信箱。因为工作繁忙，他甚至连父亲去世都没有回家。家人只知道他在北京工作，从来不知道他在什么单位，到底在干什么。直到 1987 年，上海一家杂志发表了一篇关于核潜艇研制事迹的报道，其中提到黄旭华的信息，他把杂志寄给了母亲，才得到了家人的谅解。

男孩该懂得的道理

成就一项事业是极其不易的，不仅需要信心和智慧，还需要汗水和勇气。在成才和人生的道路上，遇到困难是在所难免的，我们不要被困难吓倒；没有条件或者条件不具备的情况下，也不要轻易放弃，迎难而上，坚持到底，熬过长夜之后就会等来黎明的曙光。

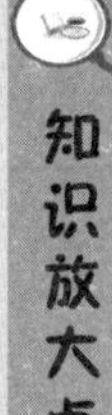

“七七事变”，又称卢沟桥事变。1937 年 7 月 7 日夜，日军在中国北平西南卢沟桥附近演习时，借口一名士兵“失踪”，要求进入宛平县城搜查，遭到中国守军严辞拒绝。日军遂向中国守军开枪射击。这就是震惊中外的七七事变。七七事变是日本帝国主义为实现侵吞中国的野心而蓄意制造出来的，是日本全面侵华战争的开始，也是中国人民进行全面抵抗的起点。

成长金点子

坚持总有回报

人生做任何的事情，要是没有一种咬牙的精神，没有坚持到底的精神，往往是不能成功的。我们做一件大事，起初不可能是十分顺利的，遇到困难甚至失败是常见的现象，这就需要我们汲取失败的教训，不断改进、不断完善，这个过程也许是短暂的；也许是漫长的，但都需要我们坚持。

坚持的过程肯定是艰难的，你怀着什么样的心态面对它往往决定了最后的结果如何。如果没有执着的精神，没有对预定目标孜孜不倦的追求，就可能半途而废；如果你觉得它只是成功路上的一个坎坷，是对你坚持的考验，你就可能迎来成功的曙光。

夺冠背后的故事

☆★☆★☆

1984年第23届奥运会在美国洛杉矶开幕，我国大陆代表团建国后首次参加奥运会，并且一举取得15金8银9铜的成绩，位列奖牌榜第4名，极大地振奋了全世界的炎黄子孙。在这届奥运会上，我国体操运动员李宁一举夺得3金2银1铜，接近中国代表团奖牌总数的1/5，成为本届奥运会中获奖最多的选手。在李宁的体育生涯中，他先后摘取了14项世界冠军，赢得一百多枚金牌，成为家喻户晓的明星。李宁退役后华丽转身经商，成为“李宁”运动服装品牌的创始人。时间到了2008年，他作为第29届北京奥运会最后一棒火炬手，在万众瞩目中点燃了奥运圣火，再次受到世人关注。2009年李宁被《福布斯》中文版评为“十大最受尊敬的中国企业家”

之一。

李宁生于 1963 年，祖籍广东佛山市顺德区，曾祖父辈迁至广西谋生。他 6 岁开始练习体操，梦想在世界赛场上争夺冠军。练了 10 年之后，因为成绩优秀，18 岁的李宁被选入国家体操队，那时候出国比赛很少。1981 年，李宁作为国家队主力参加在莫斯科举行的世界体操锦标赛。他满怀信心地跟着队伍到了莫斯科，不巧的是，他在赛前训练的时候，一个跳马动作没有做好，落地时踩到垫子的边上，不慎把脚崴了。整个脚都是淤血，从脚腕黑到快接近膝盖了。那天距离比赛还有 3 天，教练员和代表团领导看到这样一个状况，准备让候补选手参加比赛。

那个晚上，李宁心里很难受，辗转难眠，一直到凌晨五六点都没睡着。他在想：到底是就这么放弃算了还是去争取？第二天早上，他起床后作出了选择：不能放弃！他想到教练站在他面前，从小带着他训练，希望能有机会为国争光，要是放弃了这次上场比赛的机会，以前所付出的努力就前功尽弃了。李宁找到队医说，“只要让我有感觉，我就能上场，你让我有感觉，我就一定能翻跟斗。”紧接着，他就开始进行肌肉感觉训练，站立不起来的时候，就躺在床上用脚顶那个床板，再试着往下站。一天以后，他可以站立，走路慢慢拖着摔伤的那条腿；两天以后，就可以两只脚站着跳。因为要提前 24 小时报名，中国队第一次争取男子团体前三名，教练组犹豫是否让李宁上场。李宁向教练组保证说，只要给他一天时间，他一定能够跟原来一样，他一定不负众望。这句话显然夸张了，他当时内心的想法就是坚持上场比赛，不想放弃。随后代表团开会决定李宁上场参加团体比赛。

在参加比赛的时候，李宁腿上的伤疼还没有痊愈，他用护脚的塑料模型把整个脚都绑住。这个土办法竟然很管用，使他顺利完成了六个项目的比赛，而且没有降低动作的难度，最终中国男子团体以微弱优势赢了对手，在比赛场上升起了中国国旗。

1982 年，李宁在南斯拉夫萨格勒布举行的第 6 届世界杯体操比赛中，一人夺得男子全部 7 枚金牌中的 6 枚，获得单杠、自由体操、跳马、鞍马、吊环和全能 6 项冠军，创造了世界体操史上的神话，被赞誉为“体操王子”。1984 年在第 23 届洛杉矶奥运会男子体操单项比赛中，李宁获得男子自由体操、鞍马和跳马 3 项冠军，此外还获得两枚银牌和一枚铜牌，大放异彩！

2008 年北京奥运会是中国当年重要的大事，点火仪式是开幕式重要的环节。李宁接到这个任务的时候，来到鸟巢一看，点火台高约四五十米，用电影特技把火炬手吊起来点燃火炬，一般人就会觉得害怕。虽然李宁是练体操出身，其实他有恐高症，站高一点手心就出汗、发凉。李宁在第一次练习的时候，工作人员把他吊到离地面七八米，他就十分紧张。回去之后，他想要不要接受这个挑战，如果做不好做不成功，就辜负了这个机会。

经过慎重考虑，李宁决定接受这个任务，他觉得自己要去做的这件事，其实是在追求中国人的一个梦，那就是中华民族崛起的梦。他下定决心，想办法解决自己遇到的难题。此后，每天 12 点以后开始训练，他就想着怎么样在空中控制身体。第一次在全程空中练习的时候，他悬空“走”了一圈什么也没抓着，还把自己吓出了一身

汗，从空中下来的时候全身衣服都湿透了。第一次练习在空中手持火炬，他拿到重约一公斤多的火炬，身体失去了平衡，整个人在空中倒过来了。从地面到半空、再在空中“漫步”四百多米，一直到最后点燃奥运主火炬，李宁和整个特技团队一起练习了一个月。

在北京奥运会开幕式上，李宁在空中点燃主火炬的画面非常成功，也具有非常震撼的艺术效果，让亿万观众看到了别具一格的火炬点燃方式。开幕式之后，火炬团队的很多人都哭了，大家付出了很多，李宁一个月下来瘦了十来斤，他的腰伤复发了，不得不做手术，但他觉得能为成功举办北京奥运会献出微薄之力是值得的，并为此而感到自豪！

男孩该懂得的道理

从李宁的经历中，我们可以悟出一个道理：遇到困难的时候需要坚持。我们在做一个重要抉择的时候，要看这件事是不是自己追求的梦想，如果认定就是自己的梦想，只要坚持下去，一切都有可能发生。

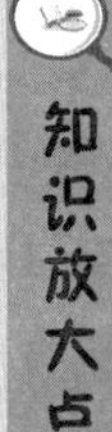

北京奥运会，即第 29 届夏季奥林匹克运动会，又称 2008 年北京奥运会。主办城市是北京，上海、天津、秦皇岛、青岛为协办城市，香港承办马术项目。设有 302 项运动项目，共有 6 万多名运动员、教练员和官员参加。

大胆迈出第一步

俗话说，万事开头难。1988年，李宁退役后，转入商界，开始做“李宁”牌运动服。在第一次订货会的时候，很多人都对他很赞赏，但没有人订货，对他打击非常大。那时候，他就决定开设专卖店，在北京开了第一家专卖店，此后就有第二家店、第三家店，到后来有了几千家店。

为了实现梦想迈出的第一步是很难的，最初做的事情周围人不一定认可，甚至或遭到亲友的反对，但只有你自己认可，就一定要坚持，不要轻易放弃，因为你不知道后面会发生什么。如果继续往前，可能有很多好事后面跟着来了。有时候，一个人把当初的梦想放弃了，随着社会环境的变化，可能一辈子都没有机会了。所以，你坚持追求自己的梦想，就需要勇敢地迈出第一步。

“天王”也曾有辛酸

☆★☆★☆

刘德华是香港著名艺人，身兼演员、歌手、词作者、制片人等头衔，在内地有许多“粉丝”，有人认为他的运气好，也有人觉得他因为长得帅，还有人说他演技和唱歌一般，只是被媒体神化成了“天王”。事实上，刘德华的成功都是他一步一步努力得来的。

刘德华 1961 年出生于香港新界大埔镇泰亨村，在家排行老四。这个村子地处香港的一隅，但刘德华的家还算是富裕的。几十年后刘德华还记得，小时候他家里饲养了两百多头猪，还有成群的鸽子，自家把田地出租给别人。因为家境富裕，刘德华童年比同龄的小朋友见识广，从小就知道电视，见过卡式磁带，还收藏过许多小玩意。在他 6 岁那年，父亲把他带到市里，希望他多接触一下外面的世界，但他爷爷却不开心，觉得他父亲不是一个乖孩子，分家产的时候没有他父亲的份儿。

随后，刘德华随家人搬到九龙钻石山的木屋区居住，并和姐弟一起帮助家里打理卖稀饭的生意。钻石山木屋区住着很多穷人，木板房容易发生火灾。刘德华 11 岁的时候，他家里真的发生了火灾，一家人离开了原来居住的地方，大约等了一年，他家才搬进了政府临时为受灾居民搭建的房子里，又等了一年他们一家人住进了用石头砌的房子。

刘德华小学毕业后上了可立中学，在中学读书期间，他积极参加学校剧社的演出活动，接触到编剧、幕后制作等戏剧方面的知识和技能，逐渐对表演产生了兴趣。后来 19 岁的刘德华到香港一家艺员训练班接受训练，开始了他的演艺之路。

刘德华刚踏入演艺圈不久，就交了一个女朋友。他觉得作为男人在家庭要负责任，每天拼命在训练班培训，从早上九点钟开始训练，到了晚上还要练跳舞、翻跟斗，忙得不亦乐乎。有一天，刘德华接到一个电话，打电话的人是四个月没见面的女朋友，她约刘德华训练之后见面，刘德华兴奋地如约来到一座浪漫的山顶上，没有想到女朋友直接向他提出分手。刘德华觉得自己没有做错什么，还没有等他没有作出任何解释，她就离开了。刘德华一个人从山顶慢慢地往山下走，茫然地走到一个公车站，看着一辆一辆的公车站从身边驶过，最后他上了一辆乘客较少的公交车，独自坐在最后一排，他还在想：为什么会是这样的结果？公交车一直在行驶，刘德华的眼泪忍不住往下流，他任凭泪水打在玻璃窗上，还没有等前面的乘客回头张望，他就把眼泪擦干了。他的初恋失败了，反而让他把精力集中在训练上。

刘德华参加训练班一年之后，考进了香港无线电视艺员训练班，同年出演个人第一部电视剧《江湖再见》，他在剧中饰演一名以贩卖妇女为生的小混混，该剧获得美国电视节电视剧特别奖。同年，他出演电影处女作《彩云曲》，在片中饰演音乐班的学员。

刘德华从艺员训练班毕业后，正式签约香港无线电视台。这一年，他在剧情片《投奔怒海》中饰演美军翻译官，并凭借该片获得第2届香港电影金像奖最佳新演员奖。他主演时装警匪片《猎鹰》，凭借卧底警察的角色获得观众和业内人士的关注。后来他主演金庸武侠剧《神雕侠侣》，在剧中饰演杨过，该剧播出后在香港获得较高的收视纪录。此后他主演了多部古装武侠剧，如《魔域桃源》《鹿鼎记》《杨家将》等，在演艺道路越来越顺利。

1985年，刘德华看到成龙、周润发等艺人的电影事业越来越红火，也希望有机会拍电影，于是就跟与他签约的无线电视台商量，他提出每年拍一部电视剧，他用其余时间拍电影，无线电视台不同意。刘德华遇到了人生的十字路口，显然，没有公司扶持自己独闯的风险很大，他的朋友觉得他最好留在无线电视台，虽然不能拍电影但比较稳当。刘德华却决定离开，将其演艺事业的重心转向影坛。很多人感到不解，对刘德华说："你这个选择太愚蠢了！"刘德华觉得选择是发自内心的，一直努力地往前走。

不久，刘德华遇到主演电影《法外情》的机会，又有了主演《旺角卡门》的机会。此后，他主演传记片《五亿探长雷洛传》、赛车励志片《烈火战车》，全都获得了香港电影金像奖最佳男主角奖提名。1999年他主演警匪片《暗战》，并凭借该片获得第19届香港电影金像奖最佳男主角奖；2000年他主演动作片《阿虎》，这是刘德华从影以来的第100部电影，他凭借该片获得了第6届香港电影金紫荆奖最佳主角奖。

在内地电影业快速发展的时候，刘德华与内地著名导演合作拍片，演艺事业如日中天，原来和他一起在艺员训练班的艺人大多望其项背。这时，当初说他离开无线电视台不明智的人，回过头又对刘德华：“你当年的选择真是太明智了！”

男孩该懂得的道理

学习有不同的方法，成才有不同的途径，成功有不同的道路，需要找准一个最适合你自己的，千万不要盲目地复制别人的例子，因为各人的条件是不同的。成长中的男孩要记住：成功不是只有一条道路，也不是只有一种方法，无论哪条道路哪种方法，都必须是发自内心的选择，而且要努力、要坚持！

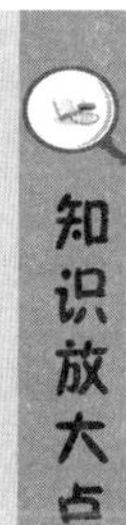

香港电影金像奖，是香港及大中华电影界重要奖项之一，创立于 1982 年，每年由香港电影金像奖协会组织与颁发，旨在鼓励优秀香港电影的创作与发展。一般每年 4 月中旬举行颁奖典礼，颁发包括最佳电影、最佳导演、最佳男女主角等奖项。香港电影金紫荆奖，由香港影评人协会主办，创始于 1996 年，每年举办一次，2008 年停办。

成长金点子

不要在意他人的看法

毋庸置疑，刘德华在演艺事业上是非常成功的。像他这样的成功人士，人们也有不同的看法。喜欢刘德华的人觉得，他事业成功，家庭幸福；不喜欢刘德华的人觉得，为了自己的光环他把家人搁在一边太不应该，而且他拍的影片也不见得有多好。一个人作出自己选择的时候，可能别人也会有不同看法。我们要记住：追求梦想不是给别人看的，所以，当别人对你的选择有不同看法时，不必在意，微笑面对。

第十章

无限风光在险峰，敢攀登才能领略美好景色

法国作家雨果说："所谓活着的人，就是不断挑战的人，不断攀登命运险峰的人。"人生的选择有千万种，成功的道路有千万条。每一条路都是人走出来的，每一条路上都有独特的风景。人生的路是一个单行道，只能向前，不可能回转而重新选择。想做有出息的人，就要听从内心的召唤，敢于挑战自我，尝试想做而不敢做的事情。只有开创自己的路，才能到达人生的高峰。

让梦想在浪潮中飞扬

☆★☆★☆

几年前，在乌镇举办的一次全球互联网峰会上，主持人问一位约莫四十岁左右的业内精英：“你说你有一个目标，要用五到十年的时间，做成智能手机市场份额的全球第一。”主持人又问苹果公司的高管怎么看这个目标，这位高管回答说：“Easy to Say, Hard to Do！”（说起来简单，做起来难！）在手机市场竞争十分激烈的当下，敢于说出这个目标，业内人士都佩服他的自信和胆识，他就是小米手机的创始人雷军。他发出这一宏愿源自年轻时的一个梦想。

雷军 1969 年出生于湖北仙桃的一个普通家庭，自幼勤奋好学，1987 年高中毕业后考上了武汉大学计算机系。那时候，很多人只是听说过计算机或者电脑，感觉它离生活遥远，对计算机编程这个词更是知之甚少。

在大学一年级第一学期，雷军无意中在图书馆看了一本书，这本书叫《硅谷之火》，讲述的是上世纪七八十年代美国硅谷英雄创业的故事，其中就有乔布斯创业的故事。乔布斯在上世纪八十年代如日中天。到了上世纪九十年代的时候，功成名就的比尔·盖茨说“我不过是乔布斯第二”。雷军当时看了这本书，激动的心情久久难以平静，他在武汉大学的操场上，沿着400米跑道走了一圈又一圈，他在问自己："我怎么能塑造与众不同的人生？我想在我们中国这个土壤上，我们能不能像乔布斯一样，办一家世界一流的公司，我觉得只有这样才无愧于自己的人生，才会使自己觉得人生是有价值、有意义、有追求的。"

当他有了这样的梦想以后，雷军给自己制定的第一个计划，就是两年修完大学所有的课程。武汉大学是当时国内最早一批实施学分制的高校之一。按照学校要求，只要修完一定的学分就可以毕业。于是，雷军开始选修了不少高年级的课程，两年时间就修完了所有学分，甚至完成了大学的毕业设计，而且绝大部分的成绩都是优秀，全年级一百多人，他的成绩在全年级排到第六。他大学期间获得了双学位，当时在学校里是为数不多的。

有了第一个基本功的沉淀，雷军又给自己制定了第二个目标，用两年的时间在一级学报上发篇论文。因此，他在图书馆里读了很多一级学报，了解行业里到底发什么文章，他们到底在做什么。通过深入的钻研，大二的时候，在一级学报上发表了论文。大学三年级时，雷军就帮人开发软件赚到了人生的第一桶金，成为了百万富翁。

大四那年，雷军和两位同学创办了三色公司，产品仿制金山汉卡，在武汉电子一条街小有名气。但是，随后出现一家规模更大的公司推出了同类产品，价格更低，出货量更大。半年以后，三色公司经营艰难决定解散。清点公司资产时，雷军分到了一台老式电脑和打印机。在三色公司工作期间，雷军与人合作编写了一款软件，

获得湖北省大学生科技成果一等奖。

在上学期间，雷军在一位朋友那里第一次看到 WPS 文字处理软件，想买一套 WPS 软件自用，由于电脑储存和运算能力不足，还要再买一块支持 WPS 的汉卡，算下来要花费 2000 多元，当时普通人一个月工资也就百十来块，两千多元不算一笔小开支了，他决定自己动手解密。花了两周时间终于成功破解了 WPS，还做了一些增强和完善，可以移植到电脑上直接使用，很快成为国内流行的 WPS 版本。这款软件的编写者也因此看到了雷军的聪明才干。

从武汉大学毕业后，雷军进入北京近郊一个研究所工作。虽然薪水不算低，但对工作提不起兴致，经常下班后到中关村电子市场了解 IT 业的行情和最新动态，许多人邀请他加盟，被他婉言谢绝了。半年后，雷军在北京的一个计算机展览会上见到了 WPS 软件的开发者求伯君。他当时是金山公司副总裁，虽然不是公司创始人，却是金山创业道路上的重要参与者，而且让这家公司获得了飞速发展。在雷军眼里，求伯君也是程序员出身，毕业后曾在国家单位工作过，这个年轻的成功者与自己有着某种相似之处。求伯君因为写程序在金山成功了，金山公司如果能够成就一个求伯君，就会造就出第二个、第三个。雷军从求伯君身上看到了希望，于是决定去金山公司工作，这一干就是 16 年，他先后出任金山公司北京开发部经理、珠海公司副总经理、北京金山软件公司总经理等职务。

在 IT 行业里，雷军出道早，他担任金山公司总经理时，丁磊、马化腾还没有创业，李彦宏还在美国念书，周鸿祎也才加入方正公司，马云筹办中国黄页在北京到处碰壁。在很长一段时间内，他们对雷军都是仰视的状态。然而短短几年后这帮“小字辈”都成了赫赫有名的互联网大佬。

有梦想不怕晚。在金山公司时，雷军牵头做了一个创业项目——卓越网，四年多以后卖给了亚马逊。这次出售让雷军实现了财务自由，也为他后来的天使投资奠定了资本。他带领金山公司成功上市，随后辞去了 CEO 职务，成为天使投资人，陆续开始投资国内外软件公司，在移动互联网、电商、社交等多个领域投出多个成功案例。

不过，在内心深处，雷军仍然想做一个真正属于自己的事业。看到出现智能手机之后，他敏锐地预感到智能手机的浪潮已经到来。2010 年 4 月他作为创始人注册成立小米公司。仅用了 3 年时间，就在国内智能手机业界占有举足轻重的地位。有了这样骄人的业绩，再用五到十年时间，保不齐市场份额真会全球第一呢！

男孩该懂得的道理

成就雷军的梦想源头就是那本《硅谷之火》。2016 年雷军向母校捐赠了巨款，武汉大学将曾经激励过雷军的这本书作为珍贵礼物赠与他，一时间在创业人士中传为美谈。人生要有梦想，人因梦想而伟大。只要你有了梦想，你就会在变得与众不同，在时机和条件成熟的时候迈出成功的一步！

WPS 软件，即 WPS Office，是由金山软件股份有限公司自主研发的一款办公软件，可以实现办公软件常用的文字、表格、演示等多种功能。

知识放大点

成长金点子

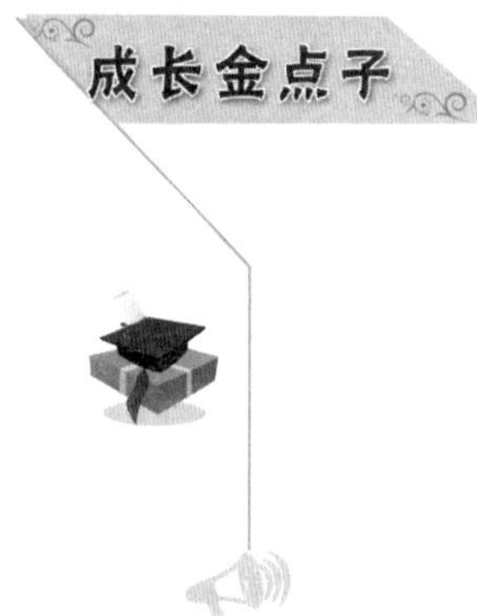

成功需要勤奋和把握机遇

谈到梦想的实现，雷军曾引用过别人的一句话：“台风来的时候，猪都会飞。”意思就是说，你要是想成功，要找到台风口，当台风来的时候，猪都可以飞起来。在这里，他表达两层的意思，一是没有坚实的基本功，没有勤奋是成功不了的；二是有了勤奋，有了坚实的基础也不一定能成功。还需要等到“台风口”，也就是还需要把握大的发展机遇。抓住这个机遇，才有机会成功。

雷军创立“小米”时，精准地把握了智能手机换机的时间，诺基亚不行了，苹果刚起步，“小米”应运而生，用全新的模式，几年里就在行业站稳了脚跟，发展势头强劲。

做自己心中的英雄

☆★☆★☆

现在许多男孩喜欢拳击运动，很多人知道我国拳击选手邹市明，他是奥运会拳击冠军，在赛场上有一股不服输的劲头。他在拳击事业上追求梦想的经历，体现出敢于挑战自我的精神。

邹市明 1981 年出生于贵州遵义市绥阳县，小时候身材瘦弱，有时和女同学争课桌还挨打，但他内心非常倔强，想让自己强壮一些，同时他喜欢看成龙的武打电影，14 岁开始练习武术。在武术馆里，他又喜欢上了拳击。

有一天，邹市明正在练拳，他被打得满身是汗，鼻血也流出来了，不料被妈妈看到了，她不同意儿子再练拳击。当他再一次来到拳馆的时候，教练说：“既然妈妈不让你练了，你就跟她回去吧。”邹市明果断地说：“这是我长这么大唯一感兴趣的运动项目，没有半途而废，而且得到了别人的赞扬，我一定要坚持下去！”就这样一年又一年坚持下来了，16 岁那年他进入了贵州省拳击队，2000 年就成为国手，三年后终于迎来了世界拳击锦标赛。

第一次参加世界大赛，邹市明很胆怯。他是 48 公斤级拳击选手，首场对阵古巴。上场前，教练对邹市明说：“古巴是拳击强国，

他是古巴队里最弱的一个；中国拳击是弱队，但你是中国队里最强的一个。”邹市明听了教练的话，信心倍增，心想：“反正我是第一次参加世锦赛。人都是两个肩膀扛一个脑袋，谁怕惟啊！”

在酒店上电梯的时候，邹市明善意地跟对手打了个招呼，对方没有理睬。上了赛台后，对手碰了他的拳套，嚣张地回到他休息的角落，邹市明感觉到对手看不起他，激发了他不服输的心，他想：“也许我技不如你，但我的这颗中国心一定要比你强大！”比赛开始后，邹市明就给对手了一个组合拳，在气势上压住了对方，最终赢了对手。赛后，教练告诉他：“你知道刚才跟你比赛的对手是谁吗？他是古巴队的队长，也是上一届的世界冠军！”邹市明夺得该项目冠军，改变中国拳击在世锦赛历史上奖牌零的突破。

2004 年雅典奥运会，邹市明夺得 54 公斤拳击铜牌，他心里不服，仅仅过了一年就夺得个人在这一项目的第一块世界拳击金牌，两年后又蝉联了冠军。

2008 年到了，邹市明发现自己又开始胆怯了，整个中国拳击夺金的希望就压在他身上。按赛程安排，他在最后一天比赛，而且他不敢保证如果这届奥运会输了还能不能参加下一届翻身，感到压力很大。晋级八分之一决赛后，邹市明在赛前训练中，头部撞出一个伤口，因为担心缝针要剪头发被取消比赛资格，他就把头发揉在一起遮住伤口。在接下来的那一场比赛中，最后一回合，邹市明还落后对手一点。这时，他心里坚定了一件事：“你是中国男人，你必须要顶住！”于是他主动进攻，用一个组合拳将对方击倒了，拿下了这场惊心动魄的比赛。

第二天训练的时候，教练把邹市明叫到旁边说：“你不要以为你是世界冠军就了不起。你在世界锦标赛是冠军，你在奥运会舞台上是失败者，只是个第三名。”邹市明心里感觉憋屈，半决赛中对阵法国选手，他呐喊着走上拳台，把心里的委屈和压力统统发泄出来了，以 15 比 0 完胜对手！接着，他在决赛中击败蒙古选手，终于站在了最高领奖台上！

北京奥运会结束以后，邹市明有了退役的打算。在庆功会上，拳击协会负责人说：“市明啊，再打一届吧！中国拳击队还需要你！我们不希望中国拳击在家门口得了一块金牌就昙花一现了。”这句话让他哽咽了。如果打完 2012 年伦敦奥运会，他就 31 岁了，再去职业拳坛闯荡年龄就吃亏了，他感觉很抑郁。教练又找他谈话：“你是一个中国拳击运动员，你应该是年轻运动员的榜样！你再打一届奥运会可以延续中国拳击的历史，改变中国拳击的历史！”邹市明觉得不应该放弃，苦了这么多年，付出了多少努力才走到今天。但是，坚持就意味着他的职业拳击手的梦想要再延期四年，不过后来他想通了，继续备战奥运会。在伦敦奥运会上，经过非常激烈的决赛，他成功卫冕了 48 公斤级拳击奥运金牌。

奥运会结束后，邹市明要为儿时梦想去拼搏，进入职业拳击赛场，这就意味着以前累积的光环不可能再带过去，他要从零开始，从熟悉的祖国前往陌生的城市，有可能受伤，也可能失败，甚至发生危险，他义无反顾，决不后悔！他说，“没有永远的冠军，因为冠军总会被下一个冠军打下去。但是有永远的英雄，我要做自己内心永远的英雄！”

男孩该懂得的道理

许多男孩都有迷茫的时候，这是成长的标志，也是一种正常现象。面对人生的重大抉择，很多男孩都会顾虑重重，拿不定主意。如果你因为梦想作出了选择，就不要后悔，不要害怕，心里迈过了这道坎，就会发现自己的潜能是很大的；如果犹豫不决，选择退缩，你可能永远捅不破自己成长的“天花板”。

知识放大点

职业拳击，是建立在金钱基础上的运动项目。拳手以打拳赚取出场费和奖金，组织者以盈利举办拳击赛事。目前国际公认的主要职业拳击组织有世界拳击协会、世界拳击理事会、国际拳击联合会、世界拳击组织、世界视野拳击联合会。

成长金点子

学会分解人生的目标

许多男孩小时候有梦想，长大后也有人生目标，这样可以使自己在实现梦想的道路上不至于迷失方向。西方有一句谚语：罗马不是一天就建成的。一个长远目标只有分解成多个小目标才是切实可行的。每当我们实现一个小目标的时候，自己就会有成就感，增强信心，进而鼓励自己努力实现下一个小目标，积少成多，离梦想就会越来越接近。

分解目标时，小目标不宜间隔太远，否则就失去了分解目标的意义。在完成每个小目标的过程中要一鼓作气，间歇的周期不宜过长。对于近期开业完成的小目标不宜再做分解。

左手敬礼

☆★☆★☆

国旗、党旗、军旗，这是寄托着丁晓兵深厚感情的三面旗帜。几乎每一天，身披军装的丁晓兵都会抬起左手向它们敬礼，因为他在战火中失去了右臂，庄严的旗帜，接受着人民功臣庄严的军礼！

1984 年，我国西南正在进行一场重要军事行动。刚满 19 岁的侦察兵丁晓兵用匕首扎破手指，用鲜血写道："我坚决要求参加战斗，打头阵、当尖兵，请党在战斗中考验我！"之后，他如愿成为执行任务的战士中唯一的新兵。

入伍整一年的那一天，丁晓兵生擒一名俘虏后，赶紧撤退，不料被敌人发现。突然，一枚手雷落在他身上。他想也没有想，抓起手雷就扔了出去。"轰"的一声，一团火光，他失去了知觉。几秒钟后，丁晓兵睁开眼，发现右手使不上劲儿，侧头一看才发现，右胳

臂已经被炸断了，骨头插在泥土里，鲜红的血液一股股往外喷！

战友给丁晓兵简单包扎了伤口，丁晓兵忍着疼痛和战友一起后撤。边境地区山高林密，只连着一点点皮的右臂一次次挂在树枝灌木上。丁晓兵拔出匕首，忍痛割断右臂与身体之间仅仅连着的一点皮，割下来的右臂被他插在自己的腰带上，他想着赶紧回到后方，希望把炸伤的有胳臂再接上。

他们整整在山里跑了 4 个小时，一看到迎面跑来的接应人员，丁晓兵一头栽倒在地上。他受重伤后又扛着重物拼命奔跑，身上的血液几乎流光了。鲜血洒在绿色的山林中，绵延了一条 3 公里的血路！

丁晓兵躺在地上，一动不动。没有呼吸，没有脉搏，没有血压，没有心跳……心脏起搏器无效，强心针无效！全身血管都瘪了，连血液都无法输进去。担架停在了小溪边，有人开始流着眼泪为“烈士”丁晓兵换衣服，用清水擦拭他脸上化装的绿色油彩。擦拭脸颊的棉花擦到了他的鼻孔下，棉花丝被鼻息吹动了！

野战医疗队的一位老军医马上切开丁晓兵小腿上的静脉，强行压进去 2600 毫升血浆。三天两夜后，丁晓兵终于睁开眼睛，看到了医院的白色天花板。然后，他发现了自己右大臂上包着一大团还在渗血的纱布……

“我的手呢？”

“你们把我的手弄到哪儿去了？”

“带我去找我的手！”

“没有手我怎么打仗！”

医生和护士站在他的床边，望着年轻英俊的面孔垂泪。丁晓兵的右肘关节被炸碎了，根本无法再接上去，只好从右大臂端清创缝合。医生们怎么忍心说出口呢！一个年轻的战士，为国立了大功的功臣，终生要面对没有右臂的生活！按照常人的判断，丁晓兵的军旅生涯已经宣告结束了，一个失去右臂的人无法扛枪，甚至无法完成一个军人每日必做的动作——连右手敬礼都无法完成！

全国优秀边陲儿女金质奖章，是那一年为嘉奖有突出贡献边疆儿女而设立的。100 人的受奖名单已经确定，颁奖仪式即将举行。为褒奖丁晓兵的壮举，上级为他颁发了第 101 枚金质奖章，这是为断臂壮士特意增设的一枚奖章！

在鲜花和掌声中，丁晓兵面临着人生的选择：作为一个二等甲级伤残军人，他可以躺在自己的功劳薄上；作为一等功臣，国家政策可以保障他有一份工作。然而，丁晓兵向组织提出，他要学习，继续留在部队。他不愿意离开红色的军旗，也不想脱下那身绿军装！部队满足了他的要求，送他去军校学习。在军校学习期间，他被评为优秀学员。两年后，丁晓兵又做出了第二次更让人瞠目的选择：他要下基层带兵去！

所有人都愣住了！除了新中国诞生前连年炮火中涌现出几个独臂将军之外，哪里见过没有右臂、用左手敬礼的军人？部队首长和战友对丁晓兵重复着一句话：带兵是要吃苦的！丁晓兵决心已下，上级就安排他下到连队当指导员。一次紧急集合，就让刚到连队的丁晓兵很没面子。打背包是军人的基本功，等丁晓兵用一只手好不

容易把背包捆起来跑到集合地点的时候，全连官兵都到齐了，就等他一个人，怜悯的目光刺疼了丁晓兵的心！他在全连官兵面前扔下一句硬话："今天我让大家丢脸了，一个月后，我一定再把这个脸给大家争回来！"

随后，丁晓兵开始练习打背包。背包带比较硬，他就用牙齿叼着拉，力度一大，就像刀子一样，拉破了他的嘴角，拽裂了牙齿，背包带上面沾满了血迹。通信员看着很难受，哭着要给他帮忙，被丁晓兵关在门外，他说："你能帮我一次，能帮我一辈子吗？"10多天后，丁晓兵单手打背包的速度在全连也数得上了。

投掷手榴弹是步兵连队官兵的一项基本军事技能。全连投手榴弹，只有丁晓兵一人不及格，因为他的左臂力量小。丁晓兵又给自己立了一个期限。他天天跑到操场上，用教练弹练习投掷，练到胳臂肿得连筷子都拿不了，只能用勺子吃饭。期限到了，丁晓兵一出手：58米！投掷手榴弹优秀的标准是40米。独臂指导员这次露了一手，让全连官兵对他刮目相看。

野战训练中翻越障碍，体械训练中单杠引体向上、单臂大回环，射击训练中包括自动步枪、冲锋枪、手枪、轻机枪、火箭筒等多种轻武器，用立姿、跪姿和卧姿三种姿势，丁晓兵都能高质量完成。8门军事训练科目，他是7门优秀、1门良好！平日里，系鞋带，整理内务，洗衣服，切菜、做饭，包饺子、蒸包子，丁晓兵单手做得与健全人一样。

在军校的第一次考试中，丁晓兵没做完试卷，他向老师申请延长20分钟。老师认为，所有学员都是平等的，丁晓兵必须用左手按时答完试卷。为了赶上别人写字的速度，他天天到图书馆抄书，一个月用断了 9 支钢笔！此后，他练会了用独臂作画、写书法，他的作品在书画界多次获奖，让许多右手写字的人都感到惭愧。

入伍 30 多年来，丁晓兵献身国防，以伤残之躯续写人生辉煌篇章，先后多次立功受奖，被评为第八届“中国武警十大忠诚卫士”，2015 年晋升为中国人民武装警察部队少将警衔。

男孩该懂得的道理

丁晓兵失去右臂后，靠着坚定的信念和顽强的毅力，学会了用左手打背包、射击、投弹，还练会了用左手写字、作画，创造了人生的奇迹。他的事迹说明，人的潜能是巨大的。每个人都有自己不曾发掘的能力。所以，我们不要怀疑自己的能力，在困难和挫折面前，要敢于挑战自己，激发自己战胜困难的勇气，发掘自身的潜能创造人生的辉煌。

整理内务，这是解放军基层官兵必须掌握的一项基本功，可以培养军纪严明的集体观念和一丝不苟生活习惯，展现整齐划一、令行禁止的精神风貌，是军队战斗力的体现形式。

成长金点子

成功要激发自身的潜能

想成为有息的人，不仅要有智慧，还要能在面临抉择时，做出正确的判断。智慧不仅是知识的累加，也是对知识的升华，更是经验的结晶。只要谦虚好学，付出一定时间和精力，就可能成为智慧的人。明智的选择则意味着一个人不仅要有智慧，而且要有勇气和魄力，在人生抉择或者紧要关头能够做出准确的判断，进而作出激励自己不断成长进步的选择。丁晓兵从一名失去右臂的士兵成长为一名将军，其中一个重要原因在于，他每次做出选择的时候，他并不具有此后所需要的某种能力，这种能力是他选择之后不断激发出来的。

不怕从零开始

☆★☆★☆

许多观众喜欢功夫电影，吴京是近年来活跃在影视圈的功夫明星，自从进入演艺圈以来，参演 20 部电影作品，他自导自演的军事题材电影《战狼》获得第 20 届华鼎奖最佳编剧奖、最佳新锐导演奖。很少有人知道，吴京曾经历过刻骨铭心的磨难，事业上每走一步都是从零起步的。

吴京1974年生于北京，小时候活泼好动，6岁开始练习武术，8岁就开始在比赛中取得冠军，曾两次获得全国武术比赛枪术冠军。

然而，14岁那一年，吴京的下肢瘫痪了。在病房里，妈妈昼夜照顾着他。两天之后，吴京受不了要人照顾的日子，就对父母说：“你们都走吧，我自己能照顾自己。”他开始尝试自己照顾自己，想翻身的时候，一只手拉着床帮，另一只手拉着自己的胯骨，靠自己上肢的力量把身体扭过来。这只手坚持不住了再换另一只手，使劲把身体从这边给掰过来。

有一天，护士对他说：“吴京，下床坐轮椅吧。”她说着就把吴京用的拐拿走了。看到医生和护士都在鼓励他，吴京尝试着用手臂的力量抬起腿，然后靠手臂的力量把身子撑起来，缓慢地把身体移到床边，下床后扶着床头，紧接着扶着墙，虽然下肢非常痛，但他可以站起来了！

“走两步，我看看！”医生鼓励他。吴京心想：“我瘫痪，你知道吗？我下肢很痛，你知道？我根本走不了，你知不知道吗？”虽然他心里生气，但看到医生和护士的安慰和鼓励他，吴京还是忍受着疼痛，迈出了患病之后的第一步！过了半个小时，吴京艰难地迈出了第二步，虽然每步的距离只比一只脚长一点，但是，这两脚长的距离决定了吴京的命运。半个月之后，吴京可以走路了！当时他觉得，如果他可以重新走路，可以重新开始，他以后还有什么做不到的！

吴京回到了武术队，他重新投入训练，开始准备在比赛中再夺冠军。

然而，有一次，准备上台比赛的时候，他一不小心右脚骨折了。

没有参加比赛，夺冠更不可能，他自然就成了武术队的一名普通运动员。他曾经拥有的冠军待遇没有了，他要去运动班训练；吃饭是三菜一汤，主食只有面条或者是馒头；住宿是五个人一个房间，他还要瘸着腿睡上铺，他心中的滋味可想而知。半年之后，吴京重回巅峰，多次拿下比赛冠军。

后来，吴京离开了令许多男孩羡慕的武术队，再没有延续曾经让他感到骄傲的冠军荣誉，内心一度非常失落，他不知道自己未来该干什么，外出经常穿一件风衣，在街上跟人一言不和就会打架，完全处在人生迷茫的状态。但是，生活还得继续，男子汉就得养活自己。那个时候流行“下海”经商，吴京也想成为一名商界巨子，他在北京开了一家服装店，经营了一阵子也赚一些钱，人生有点小得意了，可是他却找不到人生方向了。

就在这个时候，看到功夫影片受到影迷的追捧，吴京似乎又看到希望，他凭着一身本领开始进入演艺圈，主演了电视剧《太极宗师》、电影《男儿本色》等作品，在演艺圈里开始小有名气。不过吴京并没有因此而满足。李小龙、成龙在功夫电影中都有过属于他们的辉煌时代，吴京也想去创造属于自己的辉煌时代。那时候香港武打片比内地有名，吴京觉得他的机会在香港。

只身来到香港，吴京失去了以前积累的人脉资源，只能从一名新人开始，他频繁拜访电影制作公司。等待了好久，他终于有了一个机会，拍了他在香港的第一部电影《杀破狼》。在这部影片中，他只有一句对白。不过有一场打戏，导演说：“甄子丹，你练了三十多年，吴京，你练了二十多年，你们别套招了，直接打吧。”两个高手相互一对视，果真对打起来，打到一半的时候，实心的木棍打断了，拿起棍子接着再来，又一根木棍打断了，吴京感觉自己的手已经快抓不住了，原来在对打中，他的手受伤了，前后打断了四根棍子。该片上映后，朋友夸赞吴京："你那这场戏太棒了！你所有的仇恨都写在脸上了。"吴京心里明白："那是真打真疼啊！"

在香港的那段日子里，吴京由一位新人变成了主演，名气开始越来越大了，他又开始不满足了。他在想，自己希望创造的动作时代到底在哪里？他不知道。那么，怎样才能把他要表达的思想用电影诠释出来，那就只有自己编剧自己导演自己主演。他决定回内地当导演实现自己的人生目标。什么样的角色能够达到他的目标与理想呢？吴京想到了军人。于是，他决定拍一部反映军人本色的电影，塑造时代的英雄豪气。

有人说，理想很圆满，现实很骨干。拍摄军事题材的影片，说起来容易做起来难！若要演一个军人，主演就要胜任军人的角色。吴京就去了特种部队，住在班里，士兵干什么他就干什么。他听过子弹从耳旁飞过的声音，感受过坦克从身上压过去的感觉。深入名叫《战狼》的军队生活 18 个月后，吴京终于开机了，他既是出品人，又是自编自导自演。这部名叫《战狼》的军事题材影片上映后受到了观众的喜爱，并在第 20 届华鼎奖颁奖礼上获得两个单项奖。

男孩该懂得的道理

吴京每走一步都是跟着时代的潮流。从孩童时代练武，到"下海"经商，从武打演员，再到后来开创自己的动作影片。他觉得只要是机会，就要勇敢地迎上去，哪怕是一条从来没有走过的路，他

一边走一边探索，终于达到了他期望的目标。成功的路是难以复制的，想成功就得自己去开创。

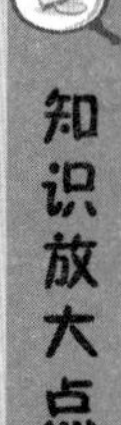

知识放大点

华鼎奖，前身是“中国演艺名人公众形象满意度调查”，由天下英才传媒组织，2007 年在调查基础上加入了评选颁奖形式，即成“华鼎奖”。该奖项是公众形象方面的荣誉，被誉为“老百姓口碑荣誉”，旨在鼓励全球演艺名人的创作精神，表彰对社会责任方面有杰出贡献的演艺界人士。

成长金点子

勇敢地作出选择

成功是很多人的愿望，成功的道路是难以复制的，别人所走的路成功了，你走这条路可能就会失败。但是，有梦想的人就要勇敢地做出选择。如果你不去做出尝试，你永远无法成功。很多人虽然不满意乏味的生活，觉得那不是自己希望的生活，可是他始终不敢做出选择，以至于受困于现状，永远也不可能成功。

第十一章

不犹豫是成长的第一步，敢担当才能扛起未来的人生

法国政治家戴高乐将军说："在极为复杂的情况下，最考验人的往往不是知识和能力，而是一种当机立断的勇气和智慧。"人的一生中，总会遇到需要自己做出选择的关口。沿着很多人走过的路，虽然可以到达目的地，但终点却没有鲜花和掌声。成功的道路往往人迹罕至，需要勇敢者披荆斩棘，冲破层林密布的险境，才有可能看到广阔的天空。

“敢”字造就了首富

☆★☆★☆

喜欢中超足球比赛的男孩，大多听说大连万达队。大连万达集团目前已经形成商业地产、高级酒店、文化旅游和连锁百货四大核心产业，其创始人王健林身家超过 2000 亿，一度成为全国房地产首富。在他成功的背后有哪些励志故事呢?

王健林 1954 年生于四川省绵阳市，祖籍四川省广元市苍溪县。父亲是参加过长征的老红军，建国后回到老家四川长期担任地方干部。王健林 4 岁的时候跟随父母来到阿坝州的大金县生活，在那里读完了小学和中学。14 岁那年，国家号召知识青年上山下乡，王健林成为当地林业部门一名职工一年后，王健林应征入伍。

1971 年初春，吉林省集安县鸭绿江边的大山深处的军营里来了一批新兵，新兵里面有四川的和辽宁抚顺的，班长挑选新兵的时候，先选了两个抚顺的，然后走到一个又小又瘦的新兵面前，问他想不想当侦察兵，这位新兵没有任何犹豫地说愿意。15 岁的王健林就这样成了一名侦察兵。

有一次冬季，部队进行野营拉练，在东北林海雪原上行军，积雪没过了战士的膝盖，每人负重 20 多斤，行军两千多里。每天平均要走六十里，甚至七八十里。到了晚上，部队官兵在野外宿营，自己在雪地里挖一个雪洞，钻进去过一个晚上，第二天继续走。天寒地冻，行军劳累，许多人还吃不饱。一千多人的队伍，走到最后还剩不到一百人。王健林作为一个新战士，坚持走到了最后。在入伍前，母亲跟他讲“你当兵，一定要当‘五好战士’！”王健林就是靠着这种信念和坚持，入伍第一年就被评为“五好战士”。

入伍 8 年后，王健林晋升为排长，并进入大连陆军学院学习。在大连陆军学院学习期间，他多次对部队的教材提出质疑，部分质疑内容被接受而写进了教材。从大连陆军学院毕业后，由于成绩优秀，王健林留在学院大队当参谋。此后，他被调到学院的宣传处任职干事，又就读于辽宁大学党政专修班，获得经济管理专业学位。毕业后，32 岁的王健林调任陆军学院管理处任副处长。1987 年，为了响应国家“百万裁军”的号召，王健林告别了自己 18 年的部队生活。

转业后，王健林被任命为大连市西岗区政府办公室副主任。在外人眼中，他是一位未来仕途顺利的官员，也是一名将被提拔的备用干部。不过，王健林不喜欢四平八稳的生活，他更喜欢波澜壮阔的挑战性人生。

大连西岗区住宅开发公司是区政府的下属企业，债台高筑，濒临破产。为了挽救这个“烂摊子”，区政府发出启事，希望有官员能为区政府分忧。这无疑是一个棘手的工作，王健林考虑之后接手了这个公司。由于当时拿不到房地产开发项目所需的配额，公司只能承接旧城改造工程。他们承接的第一个项目是大连市政府北门的棚

户区改造工程。

在棚户区改造中，王健林作了大胆的尝试：安装铝合金窗、防盗门，每户都是明亮的客厅，给每个房间设洗手间，这是当时局级以上干部住房才有这样的设施。

王健林接手公司后，在棚户区改造项目中赚了第一笔钱，当年就扭亏为盈，为此区政府给他个人奖励15万元，王健林让财务把钱分给了全体员工。重要的是，他带领公司闯出了一条新路，成为全国首家进行旧城改造的企业，迅速做大了企业规模。

1991年，国家体改委和大连市体改委准备在大连市选择3家企业，作为东北地区首批股份制试点单位。一旦成为试点单位，企业将失去政府编制，所有人员将从“铁饭碗”变成“泥饭碗”，公司高层也从政府官员变成社会人员，当时没人敢这样做，但王健林敢吃“第一只螃蟹”。他将大连西岗区住宅开发公司改制成立大连万达房地产集团公司，国有资本逐渐退出万达公司。

后来，万达公司除了商业地产之外，开始进军酒店管理、电影院线及影视制作、文化旅游和连锁百货等多个行业。随着公司规模不断扩大，王健林不仅获得多种荣誉称号，而且也成为业界颇具影响的成功人士。

男孩该懂得的道理

从入伍新兵成为尖子兵，到接手濒临倒闭的公司，再到棚户区改造大胆尝试，到后来抓住国企改制的机会等，王健林每次都大胆抓住了机会，有胆有识，敢想敢干，这是他的过人之处，也是他取得成功的因素之一。所以，要想做出不平凡的事业，就要培养勇于挑战的性格。

野营拉练，是指部队离开营房驻地，到野外进行行军、宿营和训练等科日，通常官兵全副武装，负重行军几十公里甚至数百公里。这是一种模拟实战的演练，是野战部队的一项训练内容。它可以磨炼官兵的意志，锻炼官兵的体能，提高部队的战斗力。

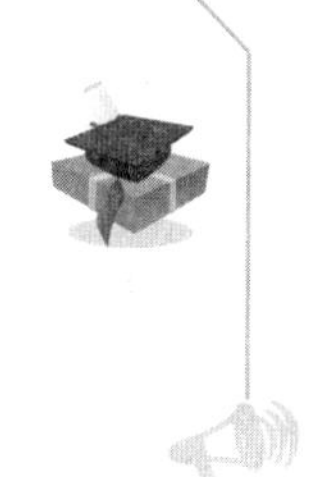

敢想才会有机会

王健林是中国的房地产“首富”，三年内，他两次荣登“胡润房地产富豪榜”榜首，更是以集团形式捐款超过28亿的慈善家。他刚做生意的第一年，公司才有50万资金还是借来注册的。他在员工会上说，公司的目标是三年做到一个亿，一个部门经理就觉得他说大话。但是，公司很快就实现了这个目标。

成就事业最重要的是一种敢想敢干的精神。曾经有一句广告“心有多大，舞台有多大”，可能很多人觉得这句话是“忽悠”人的。

其实，做过事业的人，尤其事业比较成功的人，大多数都有这个体会：敢想才会有机会，敢干才可能成功。如果试都不试，怎么可能成功呢？

无悔的抉择

☆★☆★☆

几年前，中央电视台推出了《百家讲坛》栏目，一位学者以白话式的幽默风格

受到观众的追捧。随后他在文化界的知名度就他的名字一样如日中天。他就是被人称为“学术超男”的著名作家、学者、教育家易中天。从他的人生经历来说，他的成功绝不是偶然的，很大程度上归于必然。

易中天1947年生于长沙，6岁随父母来到湖北，在武汉度过了小学、初中和高中时期。高中毕业后，易中天读了苏联作家维拉凯斯特林卡亚写的一本小说，书名是《勇敢》。这本书里描述了莫斯科和列宁格勒的一批共青团员，来到西伯利亚建设一座共青城的故事。易中天阅读了这本书之后热血沸腾，他想成为中国的维拉凯斯特林卡亚，他要用行动写一本中国的《勇敢》。当时，国家号召知识青年上山下乡，18岁的易中天做了一个勇敢的决定：参加新疆生产建设兵团。他带上了行李，坐了几天几夜的火车，来到了新疆自治区首

府乌鲁木齐市。非常幸运的是，他被分到了农八师共青团农场，在去农场的路上，他想起了一首歌，歌名叫《共青团员之歌》。

亲爱的妈妈，

请你吻别你的儿子吧，

再见吧妈妈，

别难过，莫悲伤，

祝福我们一路平安吧……

正如歌词所写的那样，易中天出发的时候，只是想实现自己的理想，根本没有考虑妈妈的感受，后来父亲告诉他，自从他走后，很长一段时间里，妈妈每天晚上都在哭泣。

到了目的地之后，易中天才发现，那个被诗意描述过的地方，并不是他想象的那样。接下来的日子是无法形容的寂寞、单调和劳累。一到农场，他就住进了牛棚，第一份工作是挤牛奶！看似简单的活儿，他就是不会，第一天根本挤不出牛奶。老职工对他说，挤牛奶得先让小牛吃一口奶，让母牛的奶胀出来。他照着做了，解开了小牛的缰绳，小牛冲过去一口咬住母牛的乳头吃奶，易中天还在旁边看着。老职工就说："你怎么还看着？小牛都吃完了，你还挤什么？"易中天想把小牛拽过来，他发现根本拽不动！真是出生牛犊不怕虎！好不容易把小牛把拴上了，谁知它又挣脱了缰绳。他挤了大半桶牛奶，被母牛发现了，母牛愤怒地一脚把奶桶踢翻了，还踢了他一脚。看到他狼狈的样子，老职工说："你怎么这么笨啊！"

农场的班长知道情况后，过来对易中天说："要不你去放牛吧。"

他接过班长给他的一根木棍，就去放牛了，随身带了一本书，把牛群赶到草地上，牛在那里吃草，他就看起了书。过了一会儿，他抬头发现，牛不见踪影了！他拎着棍子把牛一个一个赶回来。

不久，易中天从畜牧班调到农田班，需要打掉棉花苗下面的两片叶子，这个农活只得双膝跪下来进行，农场的棉田一望无际，根本看不到头，每天干活必须从这一头爬到那一头，然后把另外两行的叶子打完再爬回来，要是干活慢，到晚上干不完就回不来。在农场里，易中天一干就是 10 年。

后来，易中天在乌鲁木齐市钢铁公司子弟学校做了三年老师。1978 年适逢国家恢复研究生招生，他经过三个月的准备，考上了武汉大学中文系中国古代文学专业的研究生，毕业后留校任教多年，他住过办公室，也住过筒子楼。上世纪 90 年代，易中天调入厦门大学中文系担任教授，学校分给他一套一百多平米的房子，1998 年房改时个人只要出 3 万元就可以买下来，他却买不起！

中央电视台推出《百家讲坛》栏目找到他，他粗略算了一下，做一期节目可以得到一千块，一个月播四期就是四千块，一年做下来就是四万八。这样可以改善他的经济状况，就这么简单的动机。当然，他也想过，既然是个机会，为什么不“二”一把呢！他只考虑一个问题，一旦做砸了，他要承担什么代价，他能承担得起还是承担不起。经过这么一盘算，他觉得即使上栏目做砸了，他也是承担得起，那结论就只有一个字：做！

易中天当初没有想到，自从走上《百家讲坛》后，《品三国》确实让他成名了！按理说他该含饴弄孙，安享晚年，但是，他突然有一种冲动，决定写一部三十六卷史的《易中天中华史》。这套书计划编写36本，按两个月写一本，至少得写6年；如果两个月写不了一本，也可能需要8年时间。当时就有人说："这事如果不是易老师疯了，就是我疯了！"可是，易中天想做，他果真就做了！如今，这套书已经有许多本面世了。

男孩该懂得的道理

易中天18岁的时候，报名去了新疆生产建设兵团；高中毕业的他，后来当了中学老师；国家恢复招考时，他没有大学文凭敢报考研究生并成功毕业；后来敢在《百家讲坛》上，用幽默的风格讲三国。每一步都是对自身能力的挑战。正是这种有理想有激情、敢作敢为的性格，成就了他。做任何事情都是有得有失，如果患得患失，就永远不敢迈出成功的一步。

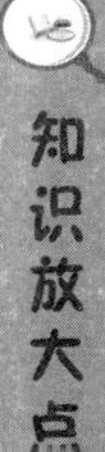

知识放大点

新疆生产建设兵团，是位于新疆维吾尔自治区境内、劳武结合、屯垦戍边的半军事化的组织，人员大部分是解放军专业的，承担着国家赋予的屯垦戍边的职责。管理体系主要有兵团、师、团三级。团级单位除了团场外，还有农场、牧场等。在兵团总部、各师师部和团场密集的垦区，设有公安局、检察院、法院等机构。

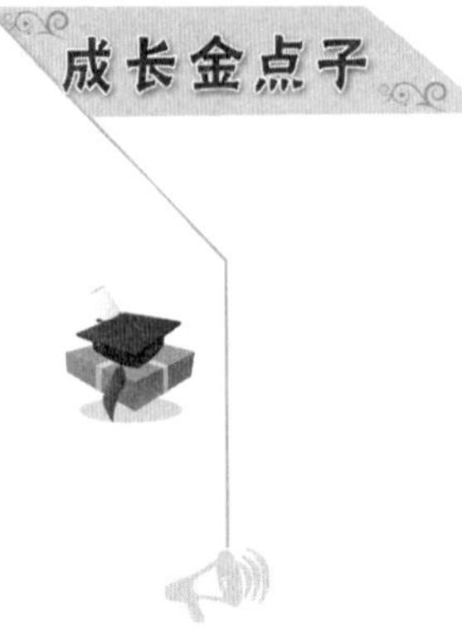

你决定了就不会后悔

易中天曾在一次演讲中说，对于当初去新疆生产建设兵团的决定，他从不后悔，因为他服从自己内心最强烈的冲动，不管此后会吃多少苦，也不管结局是怎么样，他都无怨无悔。因为选择就是对自己负责。人生路上，每个人都会遇到路口，是果断作出决定，还是犹豫不决，选择不同，结果也不同。有时候，机会只出现一次，这次错过了，就永远错过了。

白手打天下

☆★☆★☆

在美国提到IT精英时，除了比尔·盖茨，许多人会想到另一个人——他是国际联合电脑公司的创始人王嘉廉，虽然王嘉廉的个人资产远不及比尔·盖茨，但他在软件领域白手起家，有“IT铁汉”之称。他与比尔·盖茨有着类似的创业传奇。

王嘉廉1944年生于上海。8岁那年，他随父亲从上海移民到美国纽约。之前，他一直以为美国是人间的天堂，到了纽约，他才深刻地体会到，这只是苦日子的开始。来到美国后，他进入了一所以白种人为主的学校，被安排在三年级，但他一句英语也不会说，于是又被放回到一年级。三个月后，他的英语能力得到提高，终于回到了原来的班级。

他的母亲上夜校，成为一名图书管理员，父亲获得了哈佛国际法学位，却不允许在美国执业，只能白天教书，晚上在圣约翰大学从事工作，由于家里收入少，王嘉廉常常饱一顿饥一顿。而且，由于他是黄种人，无论在小学还是在布鲁克技术高中，他都是深受种族歧视的人。这让他承受了别人无法想象的痛苦。不过，小时候经历的种种苦难，磨砺了他钢铁般意志，让他养成了坚强、独立的性格。

王嘉廉从皇后学院毕业后，就结束了他的学习生涯。因为他不喜欢美国的传统教育，认为那是在浪费时间。当然还有另外一个原因，王嘉廉的学习成绩也不理想，父母不再对他寄予厚望，他就没有选择进一步深造，而是直接进入了社会。尽管如此，王嘉廉仍想干出一番事业，用实际行动证明自己并不比别人差。

不久，王嘉廉在哥伦比亚大学电子研究实验室谋得了一个程序员的职位，虽然是新手，但他却对编写程序产生了浓厚的兴趣。经过一段时间的学习和钻研，王嘉廉熟练地掌握了编程技术。随后，他果断地离开了哥伦比亚大学，来到了标准数据公司，专门从事编写软件工作。在开发软件的过程中，他经常拜访客户，倾听企业信息系统管理员反映的各种问题，从而看到了商机，萌生了创业的

念头。

1976年春天，期待已久的机遇终于降临了，瑞士CA国际软件公司正在美国寻找一个代理销售其制造的大型计算机软件。CA国际找到了标准数据公司，双方成立了一个合资公司，几个月后，标准数据公司准备放弃软件业务。在这种情况下，王嘉廉自告奋勇，承接代理销售CA国际软件的产品，他与另外三个人合伙成立了CA国际软件公司，挂靠在瑞士CA公司旗下，作为其子公司。

最初的创业之路是艰难的，在曼哈顿麦迪逊大街的一间办公室里，除了一张招牌、两台电脑、四个人以外，其他什么都没有。为了支付房租，王嘉廉不得不一边工作，一边为大楼的其他公司做一些杂活赚外快。公司的条件虽然不尽人意，但这并没有阻挡他创业的决心。通过市场调查，王嘉廉惊喜地发现，虽然微软在计算机软件方面独占鳌头，但他们经营的主要是PC机的操作系统，而未涉及到企业管理软件在大型机和客户机服务器运用领域，这无疑是他们生存的空间。于是，王嘉廉抓住这个契机，开发出了系统适配软件，不仅实现了与新系统兼容，而且迅速占领了市场，将客户发展到了200多家。

只用了四年时间，王嘉廉的CA软件公司在美国就小有名气，从中也赚到了不少钱。可是，他并不满足于这个小成就，作为一名软件制造商，他知道美国有名的软件公司有很多，在这个竞争惨烈的行业，不是被别人吞并，就是吞并别人，要想长期生存下去，只有壮大自己的实力，成为像微软公司那样的巨无霸，将发展的主动权掌握在自己手里。

为了摆脱别人的控制，拥有自己独立的软件公司，王嘉廉作出了一个大胆的决定，以280万美元买下了瑞士CA国际软件总公司，并于次年成功上市。此举在纽约引起了巨大轰动，业界人士从此不敢小视他们的实力。当然，这只是一个开始，在兼并瑞士CA国际总公司之后，王嘉廉利用公司发行的股票，先后收购了二十多家著名软件公司，迅速从一个小公司发展成为全球第四大软件开发商，与微软公司双雄并立。

男孩该懂得的道理

王嘉廉从一名程序员成为编程的行家里手，从小公司起步创业到兼并大公司成为行业巨头，每走一步都具有前瞻性，每一次选择都是在突破自己原有的知识和能力，都是在自己未知的领域进行尝试和探索，不可能没有风险，但是成功就往往伴随着风险。少年当自强。要想跨越自己的能力，就要敢于接受挑战。

知识放大点

种族歧视，是指一个人对其所属人种之外的人种，采取蔑视、讨厌和排斥的态度，并在言行上表现出来。种族歧视有公开的、有隐蔽的。在南非、美国，白人种族主义者曾实行种族隔离，并颁布过多项法令。时至今日，美洲的黑人、印第安人，大洋洲的土著民族，欧洲的原殖民地移民等，还有很多是种族歧视的受害者。

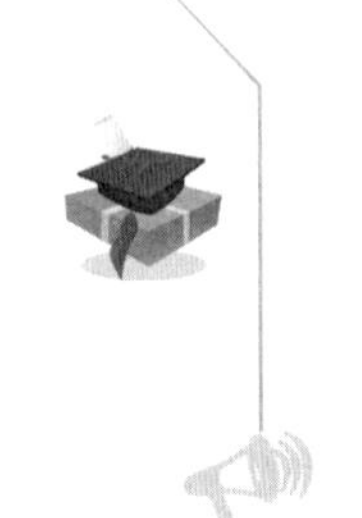

小男子汉也要有点冒险精神

冒险精神是一种勇气和魄力，是一种不安平庸的拼搏精神，是一种追求多彩人生的态度。鼓励男孩要有点冒险精神，可以激励他们积极探索未知的领域，突破自己现有的认知和能力，在新的领域有所发现并造福人类社会，成就事业的同时，使自己获得前所未有的体验。这种探索的过程充满了新奇，甚至有一些风险，但是这种风险是可以预知的，一般而言是可以控制的。冒险精神并不等于鲁莽和蛮干，也不是在缺乏安全的情况下做危险和刺激的动作。想做出息的男孩，就要锻炼自己的冒险精神，如此长大后遇到一些重大的事情，才敢于做出自己的选择。

非常的魄力

☆★☆★☆

几年前，任正非在机场排队等候出租车的照片在网络上疯传，随后他手拎月饼盒乘坐地铁的照片再次引爆互联网。出乎常人的意料，任正非作为世界五百强企业华为公司的创始人，平时竟然如此低调。与他日常做风相反的是，他在事业上是一个敢做敢为的强者风范。

任正非祖籍浙江浦江县，1944 年出生在贵州镇宁县，那里出名的是黄果树大瀑布。父母都是乡村中学教师，父亲后来当上了中学校长。任家有兄妹 7 人，任正非排行老大。因为父母对知识比较重视，即使在生活困难时期，仍然要求孩子努力读书。任正非的童年虽然是在贫穷中度过的，却是快乐和美好的。

高中毕业后，19 岁的任正非考上了重庆建筑工程学院。在还差一年就毕业的时候，一场政治运动却打乱了他的正常学习计划。不过，他并未放弃学习，他自学了电子计算机、数字技术、自动控制等专业技术课程，又自学了逻辑、哲学，此外还自学了外语。

大学毕业后，任正非入伍了，成为了一名基建工程兵。那时，外国一家公司向中国出售了一套化纤成套设备，任正非所在部队承担这项工程建设任务，他从工程开始一直到工程完成才离开。在部队期间，他历任技术员、工程师、副所长，曾参与一项军事通讯系统工程，取得了多项技术发明创造。33 岁的时候，他因技术突出成就被选为部队代表，到北京参加全国科学大会。后来，国家裁撤基建工程兵，任正非以副团级的身份从部队转业到了深圳，在一家大型国有企业下属公司任副总经理。后来，由他经手的一笔大额货款迟迟收不回来，让已过不惑之年的任正非面临着人生的选择。

一个偶然的机会，一个做程控交换机产品的朋友让任正非帮他卖些设备，任正非萌生了创业的想法。1987 年，他以两万多元的资

本注册了华为技术有限公司，成为香港一家公司模拟交换机的代理商。在代卖设备的过程中，任正非看到了中国电信行业对程控交换机的渴望，同时也看到整个市场被跨国公司所把持的现状。当时国内使用的几乎所有的通讯设备都依赖进口，民族企业在其中完全没有立足之地。任正非在那个时候就认识到技术是企业的根本，他决定自己做研发，从此告别“代理商”这个身份，踏上了企业家的道路。

研制程控交换机时，华为公司租下了一层楼，这里既是生产车间、库房，又是厨房和卧室。十几张床挨着墙边排开，50 多名员工吃住都在里面，不管是领导还是员工，做得累了就睡一会儿，醒来再接着干。3 个月后，首批 3 台交换机包装发货，因为公司已经没有现金，再不出货就会面临破产。一年之后，华为的程控交换机批量进入市场，当年产值就达到 1 亿多元，利润则过千万。

2000 年，华为参加香港电信展，邀请世界 50 多个国家的 2000 多名电信官员、运营商和代理商参加。每人往返都是头等舱或者商务舱，这些人被安排住在五星级宾馆，还带走了上千台笔记本电脑。这是华为第一次高调地在国际电信界展示实力，为此耗费 2 亿港元。事实证明，任正非“出手阔绰”得到了高额回报，当年华为开始大举全球扩张，市场份额不断提升。

华为通讯设备产品占领国内外市场后，任正非决定进军手机市场，与国外知名的苹果、三星等手机厂商开展竞争。同时，为了打破手机芯片上受制于人的状况，华为开始研制处理器芯片。经过几年的努力，华为智能手机在海内外市场份额大幅攀升，所研制的麒麟 960 芯片，在手机芯片领域占据了一席之地！

按惯常的经营模式，公司做大了就可以上市，公司创始人和高管可以套现。在企业管理模式上，任正非别出心裁，首创了人人股份制。在华为公司的股份中，任正非只持有不到1%的股份，其他股份都由员工持股会代表员工持有。如果员工离开公司，就不能再继续持有华为的股份。华为股份只给还在为公司效力的人。这一种公司体制的设计是全球绝无仅有的，从中可以看出任正非的胆识和智慧。

男孩该懂得的道理

任正非选择经商创业的决定，不仅成功地化解了当时面临的困境，而且为企业发展壮大奠定了基础。这种决断的胆识和魄力，与个人教育背景和过往经历分不开，但是通过培养和训练也可以获得。人的一生中，总会遇到自己作出决断的时候，因此，想成为有出息的人，就应该培养这种能力。

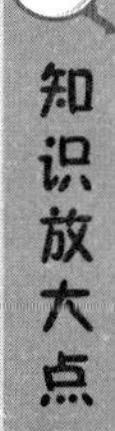

知识放大点

程控交换机，全称为存储程序控制交换机，也称为程控数字交换机或数字程控交换机。通常专指用于电话交换网的交换设备，它以计算机程序控制电话的接续，完成控制、接续等工作的电话交换机。上世纪80年代，国内曾研发出了中小容量的程控交换机，但没有转化为商业化的产品。当时国内使用的通讯设备主要依赖进口。

成长金点子

培养自己的决断能力

首先，做决断时，要有自己的见解，能够凭借自己的知识与经验，通过缜密的思考，作出独立的决断，一旦作出决断，就不要后悔，应当考虑如何把决定的事情落实在行动上。

其次，尽量做到对所决断的事情有透彻的了解，把利弊得失考虑清楚，然后再作决断。果断不等于草率和匆忙。

其次，要善于选择时机。当条件已经成熟或基本成熟，就要毫不犹豫地果断处置。错失良机反而会让事情更难处理。

最后，要学会随机应变。一旦决断的事情发生了很大变化，就要根据时机和情况变化，采取符合实际的步骤。

第十二章

不经风雨怎能见彩虹，风雨会让你的翅膀更坚强

我们的生活就像变幻的天气，有时候风和日丽，有时候雷雨交加。少年儿童的成长也是如此。当一切顺利的时候，他就会感觉生活像春天那般温暖；当遇到挫折的时候，他就会感觉生活像冬天那样严寒。事实证明，大多数少年儿童的成长道路都不是一帆风顺的，所以，当你遭遇挫折的时候，要及时调整好心态，不抱怨不自责，积极地面对眼前的困境，等待暴风骤雨之后的彩虹

冠军的心路历程

☆★☆★☆

中国乒乓球队几十年长盛不衰，培养出许多奥运冠军和金牌教练，刘国梁就是其中的一个。他当运动员时，参加过1996年和2000年的奥运会，当教练时参加过2004年、2008年、2012年和2016年奥运会。其实，在他夺得奥运金牌的道路也不是一帆风顺的，也曾经历过挫折和误会。

刘国梁1976年出生于河南省封丘县，6岁开始练习打乒乓球，后来破格入选国家乒乓球队。第一次参加奥运会之前，刘国梁是一个非常微妙的角色。当时，奥运会只许报三名运动员参赛，孔令辉是世锦赛新科冠军，王涛是国家乒乓球队里最稳定的核心人物，第三名选手会是谁呢？熟悉乒乓球的球迷知道，当时中国乒乓球队的怪球手丁松，也是一个颇具传奇的运动员，刘国梁跟他竞争，没有多少胜算。

有一次，刘国梁去朋友家里，朋友热心地给他拿出一张报纸，标题是“蔡振华语出惊人”，内容中有一段话提到，记者去乒乓球队封闭训练馆进行了采访。蔡指导说，丁松是一个非常有特点的运动员，他的特点是所有外国的选手都不适应，所以他对战外国选手的成绩是中国队里最好的。刘国梁有一些特点，但是发挥不稳定，打不好的时候会输给任何选手。通过这段话来看，刘国梁似乎无缘悉尼奥运会了。

这一消息对刘国梁的情绪打击很大。刘国梁觉得自己没有参加悉尼奥运会的机会了，而且蔡指导对他的评价也让他伤心。他心想，自己发挥确实不稳定，基本功也不够扎实，但对他的评价应该加上一句话：如果打好了可以战胜世界上任何选手。

刘国梁感觉心理压力很大，在那段时间输了好多场不该输的比赛。有一天比赛后，蔡指导生气地说："你怎么了？你还打不打球了？怎么会打成这样呢！"刘国梁眼泪都快要出来了，他没有回答，随后从乒乓球板套里面拿出了那张报纸，问蔡指导："这是您说的吗？我是不是已经没有希望参加悉尼奥运会了？"蔡指导看了一眼报纸说："这个记者从来没有去过封闭训练馆，你相信我会说这样的话吗？"他说完转身走了，刘国梁心里踏实了许多。从此以后，他把这份报纸放在他的乒乓球板套里，报纸上面写的内容事实证明是假的，但对他来说是一个激励。

后来，刘国梁出现在中国乒乓球选手的名单中，他是第三名，作为替补运动员参加了悉尼奥运会。刚到悉尼奥运村，很多记者跟在孔令辉后面采访，孔令辉从 1995 年天津世乒赛夺得冠军后，将近一年的时间里，没有在比赛中输过一场球。没有记者搭理刘国梁，这让他难免感到有些失落。不过，这对他来说也是一种激励，他暗下决心要用行动证明自己的实力。比赛场上，刘国梁敢打敢拼，最终获得了男双和男单的双料冠军，拿下了两块金牌。

悉尼奥运会之后，刘国梁已经夺得了奥运会冠军、世界杯冠军，唯独缺一个世锦赛冠军。

当时，中国男子乒乓球队里还没有获得大满贯的选手。1999 年举办世锦赛，刘国梁当时状态很差，没有想到运气却很好，最后获得他期望的世锦赛冠军。然而，他夺冠之后，国际乒联官员严肃地把刘国梁请到了办公室，说他在世锦赛单打比赛后，兴奋剂检测尿检里面有一项超标，因而怀疑他使用了兴奋剂。一旦查实就会取消刘国梁所有比赛的成绩。刘国梁一听，脑袋“嗡”一下感觉就要炸了。回国后，他在机场就扑到蔡指导的怀里哭了，他觉得自己特别委屈，老天好像就是跟他过不去！

在接下来的日子里，国家队的训练场上，经常没有练到一半就看不见刘国梁了，其他队员都不知道他做什么去了。刘国梁悄悄去医院做检查了，他真希望是自己身体出了一点小问题，医院有一个证明，兴奋剂检测的事就可以了结了。他几乎跑遍了北京的大医院，检查的结果是他的身体没有问题。他就天天想，天天在痛苦中度过。特别苦闷的时候，他一个人驾驶车来到野外停下来，把车里的音响音量调到最大，听着悲伤的歌曲，自己禁不止放声痛哭，宣泄完之后，他再回到国家队里，眼泪擦干，跟其他队员一起训练。

过了一段时间，国际乒联通知要对他进行三次飞行检查，就是他在训练中，国际乒联官员突然坐飞机过来进行检测。如果三次检测数值都高，说明该数值是身体里面自然形成的。这个时候正是乒乓球队进行封闭训练时期，运动量非常大，一天三练。为了不影响国际乒联的飞行检查，刘国梁每天都要等到晚上 10 点，确定他们不来了，才能喝水进食。检查的结果是两次高、一次不高，还是没有过关，怀疑兴奋剂的问题还没有彻底解决。半年后，又到了准备世乒赛的时候，刘国梁不知道他能不能参加。如果中国乒乓球队不给他报名，说明领导对他也是有怀疑的；如果让他上场，一旦查出他兴奋剂有问题，中国队所有选手的比赛成绩都会被取消。最后，中国队还是报名让刘国梁参加了。可见，球队领导是非常信任他的。

然而，在这半年里面，刘国梁总是想着什么时候能把自己被怀疑使用兴奋剂的事情解决了，他天天都在等待结果，根本没有心思训练，以致那次世乒赛上，中国乒乓球队输了，刘国梁输了两分，孔令辉输了一分，最后二比三，输给了瑞典队。刘国梁一个人输了两分，他此前对瑞典队从没有输过球，大家对他给予厚望。而且，他刚刚拿完大满贯，这场比赛却输了，对外界没法儿解释，刘国梁心里很难受。谁知刚过了两天，国际乒联通知说，怀疑刘国梁使用兴奋剂的问题解决了，结论是源自于体内，一切没事了！刘国梁听到这个消息当时眼泪就流出来了。

自从那次比赛之后，刘国梁再也找不回以前的状态了，几乎所有的比赛都输了，他就特别想赢一场比赛，想拿一个冠军，但是他一直拿不着，越拿不着越着急，一气之下他剪了个光头，表示自己削发明志，从头再来，重新

征战这个舞台，他慢慢又找回了当初的激情。

运动员生涯结束后，刘国梁做了国家乒乓球队总教练兼男子乒乓球队主教练。在北京奥运会上，他带领队员夺得团体冠军，包揽了男子单打前三名，在比赛场上同时升起了四面五星红旗，上演了传奇的一幕。

男孩该懂得的道理

人生的一生中，总会遇到一些自己意想不到的事情。有时候，我们会因为别人不妥当的言行而受到刺激。在受到这种刺激时不妨将其转化为一种力量，激励自己要不断完善，不可一味地抱怨别人，甚至过于自责。否则不仅于事无补，而且不利于自己走出情绪的低谷。

兴奋剂，原来是指供赛马使用的一种鸦片麻醉混合剂，国际上对禁用药物习惯上沿用兴奋剂的称谓。如今，通常所说的兴奋剂不再是单指那些起兴奋作用的药物，实际上是对禁用药物的统称。运动员服用兴奋剂影响比赛的公平，因此会受到国际体育组织的严厉处罚。处罚措施主要是宣布取消比赛成绩、收回奖牌奖金，禁止参赛等。

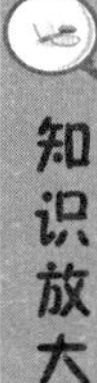

不要畏惧挫折

古往今来，许多杰出人物都是从失败和挫折中站立起来的。意志和毅力总是与战胜困难联系在一起的，越是困难的时候，越能体现出一个人的意志和毅力。没有经过失败和挫折的锤炼，就难以造就坚定的意志和顽强的毅力。所以，做有出息的男孩，就不要害怕遇到挫折，要正确看待挫折所带来的正面因素，鼓足勇气和信心，用行动把困难踩在脚下，大步跨过成长路上的坎坷。

跌倒再爬起来的巨人

☆★☆★☆

“今年过节不收礼，收礼只收脑白金。”很多人在电视上都看过这个广告语，也许他们不知道当时脑白金的大老板就是史玉柱。很多人佩服他，不只是因为他拥有财富，而是佩服他创业失败了还能再成功。马云就曾说过：“我认为全世界只有两个人跌倒了爬起来，美国是斯蒂夫·乔布斯，中国是史玉柱。”

史玉柱 1962 年出生在安徽北部的怀远县城。1980 年以全县总分第一的成绩考入浙江大学数学系，毕业后分配到安徽省统计局工作。由于工作出类拔萃，他被送往深圳大学进修，后来自己研发了一款桌面排版印刷系统。读完研究生后，史玉柱决心辞职创业。当他登上飞机飞往深圳的时候，身上全部的家当只有 4000 元钱，他承包了一所大学在深圳的电脑部，利用报纸打广告。一个月后，4000 元广告费换来 10 万元回报；4 个月后，新的广告投入又为他赚回 100 万。这时，史玉柱产生了自己创办公司的念头。当时 IBM 是国际公认的蓝色巨人，他办的公司也要成为中国的 IBM，于是给公司起了“巨人”的名称。

随后，史玉柱把总部由深圳迁往珠海，原来的公司迅速升格为集团公司，下设 8 个分公司。这一年，他研发桌面印刷系统卖出了两万多套，盈利 3500 万元。两年后，巨人集团下属全资子公司已经发展到 38 个，成为全国第二大民办高科技企业，拥有汉卡、中文笔记本电脑、手写电脑等 5 个拳头产品。

创业仅仅过了三年多的时间，巨人大厦就破土动工了。这座大厦最初计划建造 18 层，在众人热捧和领导鼓励下，大厦被不断加高，从 18 层加到 38 层、54 层、64 层，最后升为 70 层，号称建设中国第一高楼。建设大厦的投资从 2 亿增加到 12 亿，建楼的资金是以集资和卖楼花的方式筹来的。

然而，就在这一年，史玉柱发现，计算机发展日新月异，汉卡早已失去了存在的价值，如果继续从事软件，盗版防不胜防，于是他把部分资金和项目转向了保健品，一种叫做“脑黄金”的项目开始运作。一年后，巨人公司的12种保健品和10种药品，连同10多款软件一起推向市场，投放广告1个亿。商业上如此大手笔实属罕见，史玉柱当年被美国《福布斯》商业杂志列为大陆富豪第8位。

后来，因为巨人大厦资金告急，史玉柱决定将保健品方面的全部资金调拨过去，保健品业务因资金“抽血”过量，加之经营不善，迅速盛极而衰。巨人大厦未按期完工，债主们纷纷上门讨债。不久，只建了三层楼高的巨人大厦停工了，负债数亿元的史玉柱黯然离开珠海，过起来隐姓埋名的日子。

外人不知道辉煌一时的史玉柱到哪里去了，债主逼债，官司缠身，公司的账号全被法院查封了。其实，史玉柱并没有灰心，好在除了缺钱，似乎什么都不缺，公司二十多人的管理团队，在最困难的时候没有一个人离开。而且，史玉柱手上已经有两个项目可供选择，一个是保健品脑白金，另外一个是他赖以起家的软件。山穷水尽的史玉柱这时又找朋友借了50万元，开始运作脑白金。

这一次再经不住他像以往那样折腾了，在启动项目之前，史玉柱戴着墨镜走村串镇，挨家挨户寻访，他在与村民聊天中掌握了第一手资料，敏感地意识到脑白金项目具有极大的市场潜力。这个产品一经推出，公司马上创造了13亿元的销售奇迹，并在全国拥有200多个销售点，规模超过了“巨人”的鼎盛时期。

脑白金一炮走红并没有让史玉柱满足，他立刻开始琢磨手中的另外几个产品，最终确定推出一款叫做“黄金搭档”的产品。在广告策划和市场营销的推动下，黄金搭档很快走红全国市场。

这时，史玉柱在事业上没有止步，当初他靠卖软件创业的，自然对电脑游戏不会陌生。看到网络游戏市场风生水起，又开始投资这个新兴的领域，并取得了丰厚的回报。古人云吃一堑长一智。有一次失败的经历，在史玉柱的心里深处留下了难以磨灭的印记，后来他在上海买下了一大块地皮，建设巨人公司总部的时候，他再也不敢建造高楼大厦了，只建了3层。

男孩该懂得的道理

通过史玉柱的经历，我们可以认识到，创业过程中，发展越快，越是不能自我膨胀否则迟早会面临失败的结局。我们在学习中也是一样，虚心才会进步。此外，万一失败了，就要勇于面对现实，不能放弃，只要有信心、想办法，仍然有机会再次成功。

知识放大点

《福布斯》，英文名称是 Forbes，是美国福布斯公司出版的一本商业类杂志。总部设在纽约。每周发行一期，内容以金融、工业、投资和营销等主题的原创文章为主。此外还报道技术、通信、科学和法律等领域的资讯。该杂志以提供富豪和世界顶级公司排名而为人熟知。

成长金点子

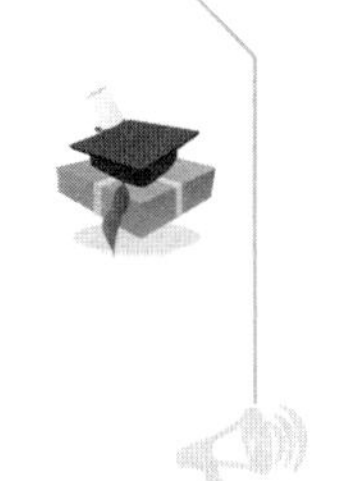

失败是成功之母

一个人成功了之后，往往就会忘乎所以，以为自己很能干，这就为失败埋下了伏笔。相反，如果一个人失败了，往往就会反思，总结失败的教训：思考自己哪些思路不正确，哪些地方做法欠妥，哪些地方做得不到位，哪些地方需要改进，需要采取哪些方法步骤。看到了问题的根源，找出了解决问题的对策，就会避免发生类似的问题，因而就会在失败之后取得成功。

挫折是成长的礼物

☆★☆★☆

提到张杰，很多人都不陌生。他以优美的歌声征服了很多人，可很多人不知道他也曾跌入窘境。

张杰 1982 年出生于四川成都市，在大学所学的专业是旅游与酒店，很多大学生在上学期间都会勤工俭学。张杰在大学实习的时候，

白天在酒吧里当服务员，晚上在酒吧里唱歌。挣来的钱一部分用来交学费，一部分用作自己的日常开销，此外还可以拿出一部分补贴家用，对于一名在校大学生来说，这已经不错了。在校期间，他还参加过一些校园比赛，并不是为了日后自己当明星，只是想认识更多喜欢唱歌的人，唱更多好听的歌儿。

2004 年，张杰偶然在公交车上看到了唱歌比赛的广告，是上海东方卫视主办的《我型我秀》栏目，他把参赛当成是让他开眼界的旅行，于是来到上海。参赛前，他没有想过要得冠军，只是想着如果得了第一名就可以跟评委、也是自己的偶像张学友一起合唱了。

比赛中，张杰一路过关斩将，闯入决赛，并凭原创歌曲《北斗星的爱》，赢得了张学友、庾澄庆等评委的好评，获得年度总冠军。那时，他还没有准备好做歌手，不想做艺人，不想面对镜头，他真不想与主办方签约，为此煎熬了一个月，在母亲的劝说下，为了顾大局，张杰才很不情愿地成为环球唱片大中华区首位签约的内地歌手。从那时起，他就要开始面对镜头了。一年后他推出首张专辑《第一张》，并凭借成名曲《北斗星的爱》获得全球华语歌曲排行榜最受欢迎新人奖、TVB 全球华语歌曲金曲榜最佳男新人奖等多个奖项。2006 年他又推出第二张专辑《再爱我一回》，并首次涉足影视，担任校园电影《化学反应》主演之一。

此后，由于经纪公司高层发生了变动，张杰唱歌的机会越来越少，演艺事业陷入低谷，随之生活也变得困难起来。当他每次没有钱的时候，他的卡里面就会多一些钱出来，后来他才知道那是家里人打给他的，但家人也不愿讲。

那时，张杰才二十出头，此前也没有去过大城市，在上海每次上地铁的时候，看到很多陌生人，每个人都在做自己的事情，然而他却不知道明天做什么、后天要做什么，心理压力大的时候，他真的想过要不要算了，他回去继续在酒吧做歌手。他觉得那样至少可以挣到钱，起码自己养活自己没问题，当时几千块对于他家里来说真不是一个小数目了。因为没事可干，张杰买来了一个二手的调音台，每天就在家里面对着墙，把自己喜欢的歌唱出来。

到了 2007 年，张杰在电视上看到了《快乐男声》的宣传广告，他觉得让更多的人听到自己的歌声是一件很开心的事情，于是就想报名参加比赛，但几乎所有朋友都持反对意见。张杰思考了一个晚上，认为这是一个很好的机会，就到成都去报名。当他拿起身份证的时候，现场很多人都在拍他，许多媒体也在拍他，很多人感觉不解："他是张杰，为什么来参加比赛？"还有许多人说："那是我的偶像吗，他是来做嘉宾的吗？"一时间有各种各样的说法，最夸张的是有家娱乐媒体报道"张杰叛逃"。那三个月，是张杰感到压力最大的时候，有时夜里盖着被子开始哭，一直哭就是几个小时，哭累了就睡着了，第二天继续跟大家练歌。

随后，张杰受到了一些非议。他原来唱歌的时候是最有自信的，但在那段时间里他站在舞台上面却没了自信。不过，这段日子并没有持续太久，张杰用自己的坚强战胜了磨难。他在《快乐男声》比赛中，取得了第四名，获得众多歌迷的支持，使他在歌唱事业上越走越远。到 2016 年，他已经发行 12 张唱片，举办了 30 场个人演唱会，在华语歌曲排行榜及音乐颁奖中，先后 30 多次获得"最受欢

迎的男歌手”奖，10 次获得“最佳男歌手”奖、“最佳歌手”奖等荣誉。

男孩该懂得的道理

青少年在成长的道路上，会遇到各种各样的困难，可能是被朋友的误会，也可能是学习遇到瓶颈这些让自己伤心的事情，有可能使自己的态度受到影响。无论怎样你必须勇敢和坚强，只有积极面对才能让你走出情绪的低潮。而且经过挫折，你会懂得理解别人，懂得换位思考，懂得更多成长的道理。

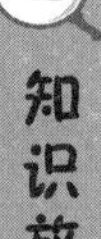

知识放大点

经纪公司，即中介或代理公司，为客户提供中介服务的营利性机构。比较常见的经纪公司有演出经纪公司、房地产经纪公司、人力资源经纪公司等。客户与经纪公司签订合同后，双方需要履行合同中约定的义务，同时享有合同约定权益，任何一方违约需要按约定承担责任。

成长金点子

怎样让自己变得坚强

首先，树立远大目标。只有伟大的目标才能产生伟大的毅力。人的意志总是与一定的目标联系在一起的。要想培养坚强的意志，就必须树立远大志向。你可以先为自己确定一个小目标，再审视自己与目标的差距，然后努力达到目标，这个过程可以增强你的意志力。

其次，从小事做起。大事是由小事积累而成的。要想让自己变得坚强，就要把学习和生活中每一个不顺心的事情，当成培养意志的机会。作业上遇到难题要独立思考，被同学误会自己主动沟通，发现自己言行不妥就及时道歉。通过这些小事提高自己的意志力。

双手撑起来的人生

☆★☆★☆

我们每个人都渴望拥有幸福的童年，在父母和亲人的关爱中快乐地成长。然而，命运弄人，有一个男孩，他 6 岁的时候父母离异，8 岁开始到处流浪，13 岁失去了双腿，可以说他的童年是在阴霾中

度过的。不过后来他却成为了很多人的榜样，他就是歌手、励志演说家陈州。

陈州 1983 年 出生于山东省苍山县。3 岁的时候，他的父亲迷上了赌博，把家底输光了在他 6 岁的时候，父亲就人间蒸发了，父母离异后，母亲带着弟弟改嫁了。陈州被爷爷留在了家里。为了生存，爷爷带陈州外出要饭。到了 13 岁的时候，他流浪到山东省潍坊市昌乐县。陈州想去济南市，因为没有钱买车票，他在火车站上爬上了一列货车。当火车开动以后，陈州发现火车往东行驶，听人说济南在西边啊，感觉方向错了，他急忙爬到车厢的衔接处，想也没想就往下跳，这一跳使他失去了双腿，也彻底改变了他的一生。当再次睁开双眼的时候，他发现自己的身子只剩下了一半，当时的心情就好像从高山跌落到谷底。

伤残后，陈州每天吃喝拉撒睡全在那张小床上，外人永远无法体会那种状态。那个时候，他感觉能像正常人那样地活着，走出去晒晒太阳，就是最大的幸福。他好不容易爬出了阴暗的小屋，那些曾经和他一起玩耍的小伙伴都不理他了，一看到他就喊："怪物又来了，我们快跑啊！"这个时候，陈州想到死，他撞墙、喝药，都不管用。爷爷奶奶端来了饭，他也不吃，每天在小屋里哭。不久，陈州想明白了，既然找不到一个死的理由，就得活下去，因为他的命是许多好心人救回来的，他不能辜负好心人的期望。

在家里躺了半年之后，陈州勇敢地迈出了第一步。趁爷爷奶奶下地干活的时候，他从床上翻了下来，爬出了小屋，爬出了那个院，爬出了那个村庄，来到村头的公路上，他拦住了一辆车，去了他一直想去却没有去成，又付出沉重代价的济南市。

到了济南市的时候，正值冬季，天空下着鹅毛大雪，十分寒冷。天黑以后，他无处安身，爬到了一个冒着热气的下水井盖上，井盖上是干的，还很暖和。他就趴在井盖上不敢离开那儿，生怕被别人占了。到了半夜，一位老大娘路过给了他一个梨子，他感觉那是他平生吃过的最好吃的一个梨子。从13岁到18岁，陈州每天都在为自己寻找下一顿饭，他不知道什么是未来，不知道什么是幸福，也不知道什么是梦想。如果他有梦想的话，那就是每天能吃饱饭，第二天早上睁开眼他还活着！

后来，陈州流浪到了浙江省嘉兴市，一个小女孩看他可怜，就从口袋里掏钱，当他伸手准备去接钱的时候，女孩没有给她，而是往旁边走了几步说："别过来！"她掏出一枚硬币扔过来，转身走了。陈州第一次受到了打击，他拿起这枚硬币想了许久，终于想明白了。原来，他是靠别人可怜，靠残疾的身体博取别人同情心，在他看来，这不是本事，甚至是一件丢人的事儿！他决不能这么活下去！他得学一点本事养活自己，当时就给自己定下了一个目标：一定不再要饭！

一个偶然的机会，陈州在大街上看到三位残疾人歌手，就勇敢地上前表达来了自己想加入的想法，随后，他就唱了一首歌。这首歌给他的人生带来很大的改变，他通过这首歌得到了人生第一次掌声。陈州就与他们一起同行，成为了一名流浪歌手，先后去过七百多个城市，这一路上，他觉得自己挺快乐的。

几年前，陈州和搭档们流浪到泰山脚下，他问从山上下来的一

位游客泰山有多高，游客看到他就用不屑的口气说："你问这个干啥呀？你能登上去吗？我这身强力壮的，都累得拄拐杖。"陈州觉得这是瞧不起他，就想用行动证明自己。第二天一早，他就穿上干净的衣服爬泰山去了。一路上，他感觉非常吃力，脚上、手上磨出很多血泡，但毅然坚持爬到了山顶，次日清晨看到了美丽的景观——泰山日出。以前，他都是仰视周围的事物，在山顶上，他俯视着周围的一切，也终于明白了"山高人为峰""一览众山小"的感觉。他开始用另一种心态对待自己的生命，渐渐地喜欢上了登山。

自从伤残后，陈州曾经一度是非常自卑的人，尤其不敢与女孩交往。有一年，他流浪到江西九江的时候，他在一个广场唱歌，一连几天有一个姑娘都看他的演唱，同样的位置，同样的掌声，同样的笑容，他就和这个女孩相识了。通过接触和了解，彼此产生了感情，自然而然地走到了一起，开始了他们的幸福生活。这时，陈州真正明白了：只要有梦想有追求，不畏惧挫折，依然可以活得像四肢健全的人那样幸福，那样快乐！

男孩该懂得的道理

一个人可以不伟大，但是不能没有梦想。虽然陈州身体有残缺，但是他有追求，感觉自己是快乐的、幸福的，给人展现一种积极向上的生活态度，这是值得我们学习的地方。青少年要懂得珍惜生命，爱惜身体，坦然面对生活中的磨难，让自己的人生有意义，并获得真正的快乐，这样才会无悔于人生。

演说家，是指在公众面前，发表自己的思想和主张，阐发自己的观点，以获得听众的认可和支持的人。如今它是一种职业。历史上，演说家通常兼具政治家、思想家或哲学家的身份，如革命导师列宁，政治家富兰克林·罗斯福，黑人牧师兼民权运动领袖马丁·路德·金，哲学家苏格拉底等。

成长金点子

永远不要被失败击倒

很多事例证明，成功与失败有时候只有一线之隔，也许在不经意间，我们就会跨过界线获得成功。然而，许多人常常站在这条界线上却浑然不知。其实战胜困难的劲头只要再多一点点，就可能会取得成功。遗憾的是，在这紧要关头，很多人无可奈何地被困难吓倒了。他们怀疑自己的能力，选择了逃避和退让。成才需要努力，成长需要信心，面对学习和生活中的挑战，我们都不要放弃，也许你再坚持一会儿，就会转败为胜！

参考文献

[1] 党博．做个有出息的男孩 [M]．北京：中国纺织出版社，2009.

[2] 杨敬．这样做男孩最优秀 [M]. 北京：中国纺织出版社，2010.

[3] 李蕊．男孩就要有出息 [M]. 北京：北京理工大学出版社，2011.

[4] 唐靓．男孩励志书 [M]．北京：中国纺织出版社，2011.

[5] 杨敬．爱学习的男孩最有出息 [M]. 北京：中国纺织出版社，2012.